--

NEO CACAO

CACAO

WIELFRIED HAUWEL   BERRY FARAH

http://www.neocacao.technology

À mon père et à ma mère

Wielfried

Nous tenons à remercier

Madame Galina Bogdanova

directrice de l'académie du chocolat de Moscou

Dariya Gruzdeva et Irina Kondakova

assistantes de Wiefried Hauwel à l'académie du chocolat de Moscou

Alexander Volkov

chercheur spécialiste de la microscopie confocale
à l'institut physiologique des plantes de Moscou

Cacao Barry

Nous tenons à remercier aussi tous ce qui ont pris le temps au Canada de répondre à nos questions
Christiant Che profeseur de Chimie et Michel Britten Chercheur Scientifique

Nous remercions aussi
Les vergers Boiron, De Buyer et Silikomart

Éditions Berry Farah

La Pâtisserie Nouvelle Théorie
de Berry Farah
(épuisé)

La Pâtisserie du XXIe siècle, les Nouvelles Bases
de Berry Farah
2e meilleur livre au monde de pâtisserie professionnelle World Cookbook Awards 2019
ISBN : 978-29810597-2-7

Restauration Historique des Bases de la Pâtisserie Française
de Berry Farah
ISBN : 978-29810597-3-4

Jeux de Texture, la pâtisserie autrement
de Berry Farah en collaboration avec Richard Ildevert
préface Christophe Felder
ISBN : 978-2-9810597-5-8

La Pâtisserie du XXIe siècle,
au coeur de la structure des bases de la pâtisserie de Berry Farah
ISBN : 978-2-9810597-7-2

Histoire inédite des pâtisseries françaises de Berry Farah
préface François Servant MOF Glacier
ISBN : 978-2-9810597-8-9

Rédaction et mise page
Wielfried Hauwel et Berry Farah

Photographie et video
© **Suzanna Kuzmina**
exceptée les photos suivantes

18 à 24, 174, 178, 188, 196, 200, 204, 224, 226, 234, 236, 238
© **Cacao-Barry**

ID 34388601 © **Skypixel** | Dreamstime.com (p. 64)
ID 70872351 © **Marazem** | Dreamstime.com (p. 61)

Réalité augmentée
LikeVR.ru

ISBN : 978-2-9818491-0-6

« Dans leur ouvrage passionnant "Néo Cacao", Wielfried et Berry offrent à toute la profession les fruits d'un travail titanesque de recherche sur la matière première, ses propriétés, ses interactions, ses textures, ses saveurs... Une compréhension extensive et pointue du domaine, tout en demeurant pédagogique pour une mise en œuvre efficace. Un outil indispensable qui dégage les théories et méthodes de demain. Une contribution d'une rare intensité, décloisonnée, clé à nos aspirations. Un investissement total pour notre métier, merci à vous deux.

Angelo Musa,
Meilleur Ouvrier de France pâtissier-confiseur. Champion du monde de la pâtisserie

Essayer de comprendre, c'est s'enrichir pour établir un lien avec cette compréhension, il faut chercher le pourquoi du comment !

La chocolaterie et la pâtisserie sont des sciences complexes, un savoir technologique et moléculaire énorme à découvrir.

L'eau, les matières grasses, le sucre sont les matières essentielles de nos fabrications.

L'assimilation de l'activité de l'eau, le polymorphisme, la cristallisation et l'absorption sont les éléments majeurs de notre métier duquel je travaille depuis plus de 30 ans.

Cette compréhension moléculaire m'a amené à la complexité de ce que je réalise aujourd'hui.

Le livre de Wielfried Hauwel et de Berry Farah est le premier à approfondir tous ces états de fait par des expériences et analyses microscopiques efficaces, assimilables par tout le monde. Il va nous permettre de comprendre ce qui se passe à « l'intérieur » que rien ne doit être figé par des méthodes empiriques.

S'enrichir c'est évoluer...
Évoluer c'est créer...

« La création c'est l'intelligence qui s'amuse »

Fabrice Gillotte
Meilleur Ouvrier de France chocolatier - confiseur

C'est pour moi un grand honneur de rédiger ces quelques lignes, pour tout d'abord Féliciter Wielfried pour son travail. Aujourd'hui, il est très important de comprendre les produits de bases, afin d'optimiser et développer ces propres recettes. Dans ce livre Wielfried, a su expliquer les matières premières et les ingrédients simplement afin de mieux comprendre l'alchimie qui se créer dans les différentes fabrications. Je renouvelle mes compliments à Wielfried et à son ami Berry, et j'espère que vous prendrez beaucoup de leurs conseils pour vos futures réalisations.

Jean Michel Perruchon
Meilleur Ouvrier de France
Membre de l'académie culinaire de France

Neocacao,
Ce titre de livre résume à lui seul la philosophie et le chemin que Wielfried et Berry ont voulu emprunter. Nous montrer et nous démontrer que tout n'a pas été encore exploré au niveau du chocolat, et en particulier la ganache. Wielfried, un ami de longue date maintenant, pousse la réflexion encore plus loin dans un ouvrage plus qu'intéressant..... Indispensable. Neocacao deviendra, je pense, une bible « référentielle » en matière de ganache.
Merci à toi, Wielfried, et à ton compère Berry de nous ouvrir les portes d'un nouveau monde cacaoté.

Youri Neyers
Champion du monde de la pâtisserie

Cher Wielfried,

Quel magnifique ouvrage tu nous offres là ! Je n'ai jamais vu un travail aussi précis sur la ganache, rien n'est laissé au hasard en passant par l'émulsion, la structure, la conservation de la ganache, les différentes techniques et recettes mis en application. Cet ouvrage trouva facilement sa place dans les écoles afin que les jeunes puissent avoir encore plus de bagages techniques pour avancer dans le métier, mais aussi auprès les professionnels qui pourront parfaire leur connaissance afin de mieux comprendre la ganache qui est un produit vivant.

Mieux comprendre la matière, c'est mieux de la maîtriser afin de laisser place à sa créativité en toute quiétude.

Bravo pour ton magnifique travail

Arnaud Larher
Meilleur Ouvrie de France pâtissier-confiseur

Berry et Wielfried portent sur le monde fabuleux de la chocolaterie un regard d'expert dont ils ont si bien le secret à travers cet ouvrage moderne et novateur.

Jean-Thomas Schneider
Meilleur Ouvrier de France 2019
Champion du Monde de Glacerie 2018. Champion du Monde de Pâtisserie 2017

Très bel ouvrage, qui permet d'en savoir plus sur la ganache. C'est désormais un outil de travail important dans les laboratoires, qui ouvre de nouveau horizon à tous les chocolatiers et pâtissiers. Bravo pour cette initiative et ce partage qui fait avancer notre métier pour le mieux.

Christophe Morel
Chocolatier

Ce nouveau livre de Berry Farah et Wielfried Hauwel est le fruit d'une rencontre. C'est la rencontre de deux curieux qui ont rejoint la passion pour la ganache. Bien que la ganache soit un sujet suffisamment connu des professionnels, ceux-ci voulaient aller plus loin, briser les règles, créer un nouveau langage, dans le but de le transmettre généreusement à l'ensemble de la profession et de faire progresser le métier.

Ramon Morato
Creative Director for Cacao Barry brand

Cher Wielfried, nous pouvons souvent comparer notre recherche de l'excellence à l'ascension de l'Everest.
Chaque geste, déplacement, action doivent être pensés avant de gravir les nouvelles étapes.

Ton travail appliqué dans mon entreprise, ton parcours professionnel, ta passion pour l'enseignement montrent bien ton obsession à tendre vers cette excellence.

Cet ouvrage est une nouvelle étape pour toi, pour Berry et pour la profession. C'est une vision rafraîchissante et inattendue, une approche très novatrice et technique du travail du chocolat, qui va vite devenir une référence en la matière.

J'éprouve beaucoup de respect et d'admiration pour votre travail monumental.

Wielfried, bon courage pour les nombreuses étapes qui t'attendent, et, je te le souhaite du fond du cœur, enfin atteindre ce fameux sommet...!

Franck Fresson
Meilleur Ouvrier pâtissier-confiseur 2004

Sommmaire

Rencontres, mot de l'éditeur

Dans sa chanson «non, je n'ai rien oublié», Charles Aznavour nous dit : le hasard est curieux, il provoque les choses. Je préférais parler de hasards nécessaires comme l'écrit le psychologue Jean-Pierre Vézina lorsqu'il parle de synchronicité des rencontres. C'est bien une question de synchronicité qui m'a conduit à rencontrer Wielfried Hauwel. C'était un mois de juin à Montréal après une conférence que j'ai donnée à l'Académie du Chocolat où étaient réunis tous les chefs des académies Cacao Barry. Nous avons évoqué la possibilité d'une coopération en vue de sa préparation à de probables concours. Rien ne prévoyait alors que cette rencontre aboutirait à un projet aussi fou que celui qui nous a conduits à la création de ce livre. De Moscou à Montréal en passant par Skype et Messenger nous avons ainsi travaillé pendant près de deux ans à démystifier les préparations au chocolat. Malgré les distances, notre complémentarité et notre bonne entente ont permis de dépasser nos ambitions. Dans notre sillage s'est greffé Alexender Volkof, chercheur à l'institut de physiologie des plantes de Moscou, qui nous a offert toute sa collaboration et son expertise en microscopie confocale pour nous permettre de voir la ganache comme nous ne l'avions jamais vue auparavant. Je le remercie pour sa patience et pour l'intérêt pour notre travail, car sans lui nous n'aurions pas pu obtenir les images des centaines d'expériences que nous avons menées. À notre trio s'est jointe l'équipe de l'académie du chocolat de Moscou qui sans leur dévouement et leur patience ne nous aurait pas permis de mener à bien ces tests. Nous remercions à cet effet la directrice, Mme Galina Bogdanova. La liberté, que nous sommes octroyées, et la volonté de dépasser les contraintes nous a permis d'aller au plus profond de la matière afin de ne rien laisser dans l'ombre ou presque. Ceci n'aurait pu se faire au sein d'une institution du fait des contraintes et des impératifs financiers et organisationnels qui nous privent parfois d'aller au bout d'un processus. Une telle aventure nous apprend à être modestes face à nos certitudes et ébranle parfois nos convictions. Ce que nous avons découvert confirme ce que j'ai observé depuis plus de 10 ans que je travaille sur la technologie pâtissière. La pâtisserie est mathématique non pas du fait de sa précision, mais du fait qu'elle pourrait s'écrire sous forme d'équations mathématiques. La puissance de la nature est telle qu'elle renferme des règles qui demandent à être découvertes. Comment peut-on oser parler de hasard en science ? Je n'y crois pas. Je ne me laisserai pas porter par des propos philosophiques même si, plus que jamais, je suis convaincu que les sciences ne peuvent pas être abordées sans un regard à la fois historique et philosophique. Une fois encore, la science et la technologie nous ont conduit Wielfried et moi-même sur des chemins insoupçonnés et riches d'enseignements afin de faire progresser ce merveilleux monde de la pâtisserie.

Wielfried & Berry

Des rives de la Moskova aux rives du Saint-Laurent, c'est la croisée de deux destinées qui un jour de printemps se sont rencontrées à Montréal pour emprunter ensemble la route du chocolat. Deux personnes aussi différentes que complémentaires. Deux personnalités aux parcours distincts ont donné naissance à ce livre.

Wielfried a commencé la pâtisserie dans sa Lorraine natale auprès d'un meilleur ouvrier de France Franck Fresson. Son parcours de pâtissier l'a conduit inévitablement à enseigner. Son talent de pédagogue, son écoute et son désir de transmettre ont fait de lui un professeur apprécié. Au-delà de la pâtisserie, il fut impliqué dans la vie de sa ville au point que personne ne pouvait s'imaginer qu'il la quitterait pour de lointaines contrées. Cependant, l'amour est parfois plus fort que la raison. Ainsi Wielfried s'est installé à Moscou où il a pris en charge l'Académie du Chocolat Cacao Barry.

Berry à un parcours atypique, plusieurs pays, plusieurs métiers dont la gastronomie. Il y a dix ans, il a décidé de remettre en question tout ce qui régit la pâtisserie et revisiter son histoire. Ainsi sont nées les éditions Berry Farah et a débuté une aventure remplie de découvertes et de rencontres qui ont mené à la parution de plusieurs livres de technologie pâtissière, de pâtisserie et d'histoire de la pâtisserie.

Leur rencontre est celle de deux parcours différents, deux visions distinctes, mais à la fois complémentaires. Wielfried et Berry ont en commun cette soif de comprendre et d'apprendre ce qui a souvent conduit au cours de ses deux années à des heures de discussions sur un même sujet pour arriver à mieux le sonder et permettre à des visions parfois divergentes de converger. Wielfried dont son sens de l'organisation est reconnu a permis de structurer le processus des tests, qui se sont déroulés à Moscou, et les aiguiller en fonction de la réalité de l'artisanat. Berry du fait de ses connaissances technologiques à permis d'orienter le travail à réaliser. Chaque page du livre a été sujet à discussion et à de nombreuses réécritures pour aller au plus près de la matière et rejoindre pratique et technologie.

De cette rencontre de travail, devenue amicale, est née NeoCacao dont Wielfried et Berry espèrent qu'il vous invitera à regarder de manière nouvelle le chocolat et à votre tour sonder ce monde du chocolat qui n'a pas encore révélé tous ces secrets.

Le Cacao

Texte original en anglais de Martin Glimour responsable en chef de l'agronomie chez Barry-Callebaut

Les origines du cacaoyer (nom botanique Theobroma Cacao L, qui signifie la nourriture des dieux) prennent leur source en Amérique du Sud en amont des affluents de l'Amazone et de l'Orénoque. On trouve encore dans ces régions des variétés de cacao sauvages. Bien que de nombreux spécimens aient été récoltés, il existe un risque de voir disparaître une part de la diversité génétique des cacaoyers du fait de la déforestation et de la disparation de la forêt tropicale humide amazonienne. Les graines du cacaoyer ne peuvent pas être congelées ou conservées sur une longue période. De ce fait, le germoplasme (ressources génétiques) du cacaoyer doit être conservé sous forme de collection vivante. Barry Callebaut participe au maintien de deux principales collections de germoplasme du cacaoyer : Catie au Costa Rica et ICG.T à Trinidad. De nouvelles espèces de cacaoyers résistantes aux maladies et aux effets du changement climatique, dont leurs caractéristiques auront été améliorées, sont nécessaires pour offrir aux agriculteurs de nouvelles variétés. Pour éviter la propagation des nuisibles et des maladies, les variétés de cacaoyers sont déplacées à travers le monde après être passées par un centre de quarantaine à l'Université de Reading en Grande-Bretagne.

Botanique du cacao

Le cacaoyer est un arbuste tropical de 4 à 10 m, 20 m pour les cacaoyers sauvages, qui poussent à l'ombre de la canopée des forêts tropicales humides. Le cacaoyer grandit dans de meilleures conditions dans des zones ombragées, protégées par une humidité élevée et constante. Le fruit du cacaoyer, connu sous le nom de cabosse, contient environ 40 fèves de cacao enrobées dans une pulpe sucrée dont le goût est très agréable lorsque le fruit est bien mûr. Les animaux tels que les écureuils, les rats et les singes attirés par la couleur jaune vif ou rouge foncé de la cabosse mûre, mangent la pulpe sucrée et rejettent les fèves amères au sol. C'est ainsi que le cacaoyer se propage à l'état sauvage.

La naissance de la cabosse commence par l'éclosion d'une fleur, généralement sur le tronc de l'arbre ou sur les branches inférieures du cacaoyer. La fleur éclot tôt le matin et elle est pollinisée par de petits moucherons. Généralement, seulement 10 % des fleurs sont pollinisées avec succès. Celles qui n'ont pu être pollinisées flétrissent et tombent de l'arbre après quelques jours. Les

cultivateurs favorisent la population des moucherons en leur développant un habitat favorable grâce à la décomposition des feuilles du cacaoyer, les coques de la cabosse et l'utilisation d'autres composés organiques tels que des tranches des tiges de banane. À la suite de la pollinisation, il faudra 5 semaines pour voir se développer en une chérelle (jeune fruit) de 5 cm de long. Si trop de fleurs ont été pollinisées, l'arbre ne peut supporter ces jeunes pousses et certaines querelles peuvent mourir. Il faut 5 à 6 mois après la pollinisation pour que la cabosse atteigne sa pleine maturité. La cabosse mûre a des formes et des couleurs différentes en fonction de la variété des cacaoyers.

Histoire de la culture du cacao

Le cacao a été pour la première fois cultivé sur la partie occidentale des Andes (la côte de l'Équateur) et en Amérique Central. Dans les deux cas, les graines de cacao ont dû être transportées par les hommes de la forêt Amazonienne vers l'ouest jusqu'aux plaines côtières et du nord jusqu'aussi loin que le Mexique actuel pour établir les premières fermes de cacao. On a démontré que des poteries vieilles de plus de 5 300 ans avaient été utilisées pour la consommation du cacao dans le sud-est de l'Équateur. La culture du cacao est devenue une part

importante de l'agriculture Maya, Toltec et Aztec, leur procurant une boisson de cacao destinée à l'élite de la société tandis que les fèves servaient de monnaie. Comme pour les variétés de raisin, de pomme, d'orange de même que pour d'autres types de culture, le cacao a différentes variétés. Au moins 10 groupes génétiques ont été identifiés dans le bassin Amazonien et sur les sites des premières cultures. Cependant, une petite partie de ce potentiel génétique est actuellement utilisé pour la culture du cacao destiné à devenir du chocolat.

Comment la culture du cacao s'est-elle répandue dans le monde

La légende prétend qu'en 1502 Christophe Colombes, naviguant sur un canoé au large du Honduras, a été le premier Européen à être en contact avec des fèves de cacao. Dès 1519, les colons espagnols ont commencé à consommer le cacao et à faire pousser des cacaoyers. À la fin du XVIe siècle, les cacaoyers ont été cultivés dans les Caraïbes, plus exactement en Jamaïuque et à Trinidad. Au XVIIIe siècle, les Espagnols introduisent la culture du cacao aux Philippines et en Indonésie. Quant aux Portugais, ils ont importé la culture du cacao à Bahia au Brésil. C'est du Brésil que le cacao fut exporté en 1822 vers les îles Sao Tomé, puis en 1855 vers Fernando Po sur

la côte de l'Afrique Central. La culture du cacao s'est ensuite étendue vers le Ghana, la Côte d'Ivoire et le Nigéria. De nos jours, le plus grand producteur de cacao est la Côte d'Ivoire, le Ghana, l'Équateur et l'Indonésie.

La culture moderne du cacao

La plupart des cultures du cacao sont exploitées par de petits producteurs agricoles qui font pousser majoritairement des cacaoyers sur des parcelles de 2 à 5 hectares. Barry Callebaut travaille avec ces agriculteurs et des instituts de recherches pour déterminer, dans un système d'agroforesterie, quels autres types d'arbres peuvent pousser en compagnie du cacao. Cacao Barry a son propre centre de recherche en Côte d'Ivoir où ils étudient comme le cacaoyer cohabite avec le teck, le cocotier et d'autres arbres d'ombrage (culture intercalaire) ainsi qu'avec différentes plantes annuelles. Le but de cette recherche est d'améliorer les revenus des agriculteurs, non seulement ceux en provenance du cacao, mais aussi ceux d'autres cultures. La productivité du cacao peut être améliorée en utilisant de meilleurs matériels végétaux comme des plants hybrides améliorés ou même des clones, en améliorant la fertilité des soles, en utilisant de compost ou des engrais chimiques et par une meilleure gestion des nuisibles et des maladies qui affectent la production du cacao.

Classification Historique

Criollo (local)

Forastero (foreigner)

Trinitario (from Trinidad)

Nouvelle Classification

10 groupes génétique

Amelonado

Conamana

Criollo

Curaray

Guiana

Iquitos

Marañón

Nanay

Nacional

Purús

Comme nous l'avons vu précédemment, une petite proportion de la diversité génétique du cacao s'est répandue dans le monde. La collection internationale de cacaoyers à Trinidad et au Costa Rica est de ce fait une importante source de sélection de nouvelles variétés de cacao pour le futur. Les programmes de sélection dans différents pays ont produit des hybrides capables de rendement allant jusqu'à 500 kg de fèves de cacao sec par hectare. Certains clones peuvent produire jusqu'à 3000 kg de fève de cacao sec par hectare, mais il reste beaucoup à faire pour avoir des variétés à haut rendement qui soient résistants aux maladies et là sécheresse et qui permettront d'améliorer dans le futur les revenus des agriculteurs.

De nombreux producteurs de cacao n'utilisent pas d'engrais ce qui graduellement réduit les éléments nutritifs de leurs exploitations. Cacao Barry travaille à promouvoir l'utilisation d'engrais, pour au moins remplacer les nutriments au moment de la récolte des fèves cacao. De plus, ils encouragent la production et l'utilisation de compost comme engrais de substitut afin de favoriser la santé du sol.

Le cacaoyer est affecté par de nombreux parasites et maladies qui s'ils ne sont pas contrôlés entraînent une

baisse des rendements et une perte des revenus des producteurs. Des maladies fongiques graves, incluant Moniliophthora roreri et Moniliophthora perniciosa originaire d'Amérique du Sud ainsi que Oncobasidium theobromae en Asie et Phytophthora megakarya qui infecte la plupart des cacaoyers dans le monde. Les plants de cacao sont aussi attaqués par des insectes nuisibles, comme les mirides en Afrique de l'Ouest et la teigne des cacaoyers qui pondent leurs œufs sur les cabosses. Ces dernières sont ensuite attachées par les larves qui endommagent les fèves. En Afrique de l'Ouest, un virus appelé le virus de la pousse de cacao gonflée est endémique. Finalement, les ravageurs comme les rats et les écureuils qui attaquent fréquemment les cabosses. Barry Callebaut s'est engagé dans la recherche afin de trouver des solutions pour lutter contre les principales ravageuses et maladies du cacao en utilisant le minimum de pesticides et encourageant l'utilisation de méthodes culturelles (ancestrales ?) et biologiques pour contrôler les nuisances du cacaoyer.

L'avenir du cacao

La demande mondiale pour le cacao et les produits à base de chocolat ne cessent de grandir, il devient nécessaire de produire plus de cacao, mais de façon durable.

Actuellement, les rendements sont faibles. Le recours à la génétique et la sélection permettraient la production de variétés plus rentables, résistantes aux nuisibles et aux maladies, qui occuperaient moins de terre et qui pourraient s'adapter aux changements climatiques. Améliorer, la gestion des nuisibles et des maladies, réduirait la perte des récoltes, la modification des sols ce qui réduirait l'utilisation des engrais. Les exploitations deviendront plus grandes et plus efficientes et la mécanisation, l'irrigation et la fertigation rendront la récolte plus facile. Les cacaoyers qui grandiosement dans un système d'agroforesterie avec d'autres cultures arboricoles et vivrières deviendront plus courants. Barry Callebaut travaille dans tous ces secteurs pour assurer la pérennité de ces cultures vitales.

Ganache

Définition usuelle : *nom féminin. Crème. Désigne une préparation de crème du lait ou de crème et de lait et de chocolat à laquelle on peut ajouter du beurre qui sert à la préparation de produit de pâtisserie et de chocolaterie.*

La ganache d'hier à aujourd'hui

Introduction

La ganache a suscité beaucoup d'interrogation auprès des chocolatiers et des pâtissiers concernant sa vraie nature. Bien des choses ont été écrites sur le sujet. Certaines faisant davantage autorité que d'autres. Néanmoins, la nature même de la ganache et la manière de la réaliser restent encore à déterminer. Certes, bien des procédés et des techniques ont été proposés, mais ils reposent davantage sur des a priori que sur une réelle réflexion technologique, voire scientifique. Dans le cas de la ganache, le recours à la science est plus que souhaitable. Malheureusement, peu d'études scientifiques ont été faites sur ce sujet. À ce jour, deux études ont été réalisées durant l'année 2018, une aux États-Unis(1) et une en France(2). Plus modestement, nous étudions depuis 2016 de façon approfondie la ganache. Pour ce faire, nous sommes appuyés sur les études récentes de la ganache et toutes les études qui analysent les phénomènes qui constituent la ganache comme l'émulsion et la cristallisation entre autres. C'est le fruit de notre collaboration que nous vous présentons aujourd'hui pour être au plus près de ce que doit être une ganache.

1) Investigation into the Microstructure, Texture and Rheological Properties of Chocolate Ganache, Jade McGill, Richard W. Hartel

2) Understanding the structure of ganache: Link between composition and texture. Aurelie Saglio, Julien Bourgeay, Romain Socrate, Alexis Canette, Gerard Cuvelier.

Bref historique de la ganache

La ganache est récente en chocolaterie. Son utilisation date des années 1930. Sa pratique se généralisera après les années 1950, puisque, rappelons-le, les truffes se font au sirop jusqu'à cette période. En effet, la ganache n'a pas été inventée pour être utilisée pour la fabrication de chocolat, mais pour la réalisation d'entremets. On parle alors de crème ganache. Elle apparaît pour la première fois dans le livre de Darenne et Duval de 1909. C'est alors un mélange de chocolat, de crème et de lait.

Il est important de rappeler que la chocolaterie du XIXe siècle n'utilise pas de crème sauf pour réaliser des chocolats chauds.

Malgré l'enquête menée sur la ganache, rien ne permet de dire pour quel entremets elle a été créée. Il a été supposé qu'elle aurait pu être créée pour l'opéra de la pâtisserie du « Grand Hôtel » dont on ignore jusqu'à ce jour si cet entremet avait des similitudes avec l'opéra actuel. Une seule certitude c'est que la crème ganache a été créée entre 1890 et 1908.

Quant au nom, rien ne permet d'affirmer que ce que la profession affirme soit vrai. En l'occurrence, le fait qu'un apprenti maladroit ait fait tomber de la crème dans le chocolat et que son patron l'ait traité de ganache ce qui signifie une personne stupide. Ce type d'anecdote est courante en pâtisserie, mais souvent elle est peu fondée d'autant plus que les sources ne sont jamais citées pour justifier cette anecdote. L'histoire de la ganache reste à ce jour un mystère.

La ganache d'hier

La ganache est récente en chocolaterie par le passé, avant les années 1930, il n'y avait pas d'intérieurs réalisés avec du chocolat, et si c'était le cas, le chocolat était lié avec un sirop. Les premières recettes de bonbons au chocolat à la ganache apparaissent dans la pâtisserie française illustrée des années 1930. Dans le numéro d'avril 1936, il est donné une recette de ganache et son processus de fabrication.

« *1 kg de chocolat fondant fin et pas trop sucré. 3 décis de crème fraîche (décilitre, soit environ 300 g nd). Mettre à fondre le chocolat à l'étuve : faire bouillir la crème et la mélanger, lorsqu'elle est encore chaude, avec le chocolat et le parfum (rhum ou vanille), jusqu'à obtention d'une masse bien homogène, puis la refroidir. Avant d'utiliser la ganache et pour la ramollir, la mettre dans un endroit tiède. On peut ajouter un ou deux jaunes, mais nous vous le déconseillons de le faire.*

Un conseil : la ganache n'est pas de très longue conservation. Donc, ne pas l'utiliser pour la confection de bonbons dont la vente n'est pas courante (8-15 jours suivant la saison). »

Vous comprenez à présent la raison pour laquelle la ganache n'était pas utilisée par le passé pour la chocolaterie et principalement utilisée pour la pâtisserie. Sa durée de conservation était trop courte.

La ganache d'aujourd'hui

Depuis les années 1950 à nos jours, plusieurs procédés de ganache ont été mis au point. Chaque chocolatier a choisi sa méthode en fonction de l'organisation de son travail. Voici quelques-unes des méthodes les plus utilisées par la profession.

Quelles que soient les méthodes utilisées, toutes ses ganaches sont refroidies et ensuite la ganache est mise à tempérer à 16 °C pour une période de plusieurs heures.

Méthode A	Méthode B	Méthode C	Méthode D
Bouillir la crème	Porter la crème à 80°C	Bouillir la crème et la refroidir à 30°c-35°C.	Bouillir la crème
Verser la crème sur le chocolat haché	Verser la crème sur le chocolat hachée	Verser la crème sur le chocolat à 32°C	Verser la crème en 3 fois sur le chocolat fondu

Les méthodes mécaniques : au stefan, cutter sous vide avec contrôle de la température, au mélangeur à l'aide de la feuille, au robotcook, à la girafe (mixeur plongeant) ou à la spatule pour de petites quantités.

La structure de la ganache

Introduction à la chimie

Pour bien comprendre la ganache, il est impératif d'acquérir certaines notions relatives à la chimie en lien direct avec la ganache. Beaucoup de termes vous paraîtront nouveaux alors que d'autres vous paraîtront plus familiers. Nous avons essayé d'être le plus clairs pour que cela soit suffisamment compréhensible et que vous puissiez assimiler ces notions pour mieux comprendre la ganache. Que l'on soit pâtissier ou chocolatier, nous sommes tous les jours en contact avec ces phénomènes. Bien les comprendre, permets de mieux saisir nos échecs et contribuer à la réussite de nos préparations. L'artisanat ne peut plus être une simple transmission d'un savoir-faire, c'est aussi un savoir technologique à transmettre et à partager avec ses apprentis pour favoriser l'évolution de nos professions. Cette introduction vous permettra de poser un regard nouveau sur vos produits.

ADSORPTION

ABSORPTION

- ● Cacao Sec insoluble
- ○ Eau
- ○ Sucre
- ● Cacao Sec soluble

52 % des protéines du cacao sec sont solubles dans l'eau (environ 10 % du poids total du cacao sec)

28% des fibres du cacao sont solubles dans l'eau. (environ 10 % du poids total du cacao sec)

Principe d'adsorption et d'absorption.

Dans l'absorption, l'élément qui se lie à l'eau ne peut plus se séparer de celui-ci. L'élément se dissout dans l'eau. C'est le cas du saccharose ou du sel. Dans l'adsorption, l'eau reste à la surface de l'élément. L'élément ne se dissout pas dans l'eau. Ce qui signifie que l'eau peut éventuellement se détacher de l'élément. C'est le cas du cacao sec insoluble. Cependant, le cacao sec ne contient pas que des substances insolubles. Il contient aussi des éléments qui se dissolvent dans l'eau et donc qui sont absorbés par l'eau.

Le terme sorption est utilisé pour parler à la fois d'absorption et d'adsorption. Dans le langage courant, le mot absorption est utilisé en lieu et place de sorption.

Ce principe d'adsorption et d'absorption est important à comprendre et à mémoriser. En effet, les fèves de cacao sont riches en mono-, oligo- et polysaccharides. On y retrouve de l'amidon, des fibres insolubles comme la cellulose, et des éléments solubles, entre autres, du saccharose, du glucose, de la raffinose et du fructose même si ces sucres sont en faibles quantités. À cela s'ajoutent les protéines solubles et insolubles. Ainsi, le lien entre le cacao sec et l'eau peut être complexe surtout lorsqu'il entre en compétition avec le saccharose présent dans le chocolat ou avec d'autres éléments solubles ou insolubles ajoutés à la ganache.

Définition de l'émulsion

Une émulsion est une dispersion de deux liquides qui ne se mélangent pas, l'un étant en suspension dans l'autre, telles l'eau et l'huile, à laquelle on ajoute un tensioactif ou agent de surface qui permet à l'eau et à l'huile de créer un mélange homogène. Les tensioactifs sont des molécules amphiphiles, c'est-à-dire qu'elles sont à la fois hydrophiles et lipophiles et de ce fait elles peuvent s'accrocher autant à l'huile (lipophile) qu'à l'eau (hydrophile) et donc unir l'huile et l'eau ou l'eau et l'huile. Les molécules lipophiles sont hydrophobes. Les deux mots sont interchangeables. Les deux liquides d'une émulsion sont désignés comme les phases de l'émulsion. Le liquide qui forme les gouttelettes est désigné comme la phase dispersée (ou interne) alors que celui qui entoure les gouttelettes constitue la phase continue (ou externe). Lorsque la phase dispersante est une phase aqueuse (eau) et la phase dispersée est huileuse (huile), il s'agit d'une émulsion, huile dans eau (H/E), tels que la mayonnaise, les crèmes glacées, le lait... Dans le cas inverse où la phase dispersante est huileuse et la phase dispersée aqueuse, nous avons une émulsion, eau dans huile (E/H), telles que la margarine, la vinaigrette traditionnelle... C'est l'affinité du tensioactif pour une phase ou l'autre qui va déterminer si l'émulsion est directe (H/E) ou inverse (E/H). Le recours à un tensioactif hydrosoluble (soluble dans l'eau) permet une émulsion de type huile dans l'eau alors qu'un tensioactif liposoluble (soluble dans l'huile) favorise une émulsion de type eau dans l'huile. Une échelle empirique permet de classer les tensioactifs suivant leur indice HLB (Hydrophile-Lipophile Balance) et détermine si le tensioactif préfère se dissoudre dans l'eau ou dans l'huile. Cependant, la quantité d'eau ou d'huile va elle aussi influencer l'émulsion jusqu'à pouvoir l'inverser.

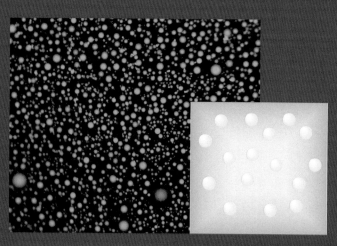

matière grasse en vert

La pâtisserie du XXIe siècle, les Nouvelles Bases. Berry Farah.

Émulsion

Emulsion Huile dans l'Eau H/E | O/W

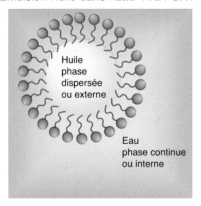

Huile
phase
dispersée
ou externe

Eau
phase continue
ou interne

Tensioactif (émulsifiant)

partie
hydrophile

partie
lipophile

Emulsion Eau dans l'Huile E/H | W/O

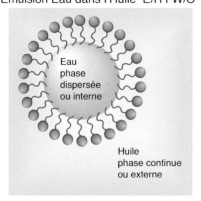

Eau
phase
dispersée
ou interne

Huile
phase continue
ou externe

Tensioactif (émulsifiant)

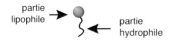

partie
lipophile

partie
hydrophile

L'émulsion est une dispersion de deux liquides qui ne se mélangent pas, l'un étant en suspension dans l'autre, telle que l'eau et l'huile.

La définition traditionnelle de l'émulsion comme dispersion liquide/liquide a été modifiée par l'IUPAC (International Union of Pure and Applied Chemistry) pour y inclure les cristaux liquides (le cristal liquide désignant un état combinant les propriétés d'un liquide conventionnel et celles d'un solide cristallisé). Une émulsion est donc une dispersion liquide/liquide ou cristal liquide/liquide.

Opérations unitaires en génie biologique. Les émulsions. Olivier Doumeix, professeur agrégé de biochimie — génie biologique.

En chimie, lorsqu'on fait référence à l'émulsion la lettre H est utilisée pour symboliser l'huile (en anglais O oil) et la lettre E est utilisée pour symboliser l'eau (en anglais W water). Bien souvent en français on utilise les lettres anglaises soit le O pour l'huile et le W pour l'eau.

L'émulsion peut aussi être réalisée de manière différente en remplaçant l'émulsifiant par des microparticules, qui maintiennent en suspension les gouttelettes d'eau ou d'huile en fonction si c'est une émulsion d'eau dans l'huile ou d'huile dans l'eau. Cette technique on la doit à un chercheur britannique Percival Pickering qui tout au début du XXe a mis au point cette émulsion qui porte aujourd'hui son nom : l'émulsion de pickering.

Triacylglycérol POS

Glycérol

H
|
H—C—OH
|
H—C—OH
|
H—C—OH
|
H

Acide gras

O
||
HO—C— C16H32O2   **P**almitique (16:0)

Polymorphisme et cristallisation

Le polymorphisme et la cristallisation sont des sujets éminemment complexes qui sont au cœur de la compréhension du chocolat. Pour bien comprendre le polymorphisme et la cristallisation, il est important de comprendre la structure de la matière grasse.

En chimie lorsqu'on parle de matière grasse on parle de lipide.

Dans le beurre de cacao, l'huile d'olive ou le beurre, les lipides sont à plus de 95 % des triacylglycérols. Les triacylglycérols sont appelés communément triglycérides.

Le triacylglycérol est composé d'une molécule de glycérol qui est sa colonne vertébrale et de trois acides gras.

L'ordre dans lequel les acides gras sont organisés va déterminer l'identité du triacylglycérol. La première lettre de chacun de ses acides gras va constituer le nom donné au triacylglycérol. Par exemple si nous avons en position 1 de l'acide palmitique (P) en 2e position de l'acide oléique (O) et en 3e position de l'acide stéarique (S), le triacylglycérol s'appellera un POS.

Dans le beurre de cacao, les trois principaux triacylglycérols sont les POS, les POP et les SOS. Le POS est le triacylglycérol le plus important. Il représente entre 38 % à 40 % des triacylglycérols du chocolat. En fonction de l'origine du cacao, la proportion de POS, POP et SOS peut varier. Généralement, les beurres de cacao les plus tendres proviennent d'Amérique du Sud et d'Amérique Centrale alors que les

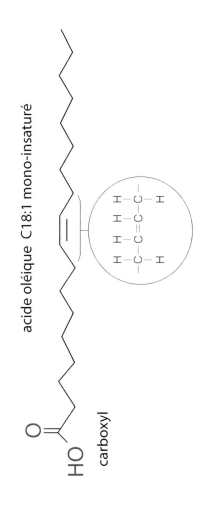

acide oléique C18:1 mono-insaturé

carboxyl

beurres les plus durs d'Afrique et d'Asie. Ces différences auraient une influence sur le temps de la cristallisation plus lent pour les beurres les plus tendres et plus rapides pour les beurres les plus durs.

Les acides gras sont des acides organiques, composés d'une chaîne d'hydrocarbure (atome hydrogène + atome carbone) liée à un groupe carboxyle (COOH). Sans entrer dans le détail, c'est ce groupe carboxyle qui permet de les rattacher au groupe hydroxyle (OH) du glycérol et de créer la liaison.

Les acides gras sont classés ainsi :

Les acides gras à chaînes courtes ont de 4 atomes de carbones (C4) à 10 atomes (C10)

Les acides gras à chaînes moyennes ont de 12 atomes de carbones (C12) à 14 atomes (C14)

Les acides gras à longues chaînes ont de 16 atomes de carbones (C16) à 18 atomes (C18)

Les acides gras à très longues chaînes ont 20 atomes de carbones (C20) et plus.

Si les liaisons entre les atomes de carbones sont simples, ce sont des gras saturés.

Si les liaisons sont doubles, ce sont des gras insaturés.

1 liaison double ce sont les gras mono-insaturés

2 à 6 liaisons doubles ce sont les gras polyinsaturés

Pour noter le nombre de liaisons doubles, l'acide gras s'écrit comme suit C18 : 1 qui représente un acide gras à 18 atomes de carbones ayant une double liaison. C'est un acide mono-insaturé. Si c'est C18 : 4, c'est un acide gras à 18 atomes de carbones ayant quatre doubles liaisons. C'est un acide polyinsaturé.

Plus le nombre d'atomes de carbones est important, plus haut sera le point de fusion de l'acide gras. Plus il y a de doubles liaisons, plus bas sera le point de fusion.

Le point de fusion des triacylglycérols est en relation, de façon proportionnelle, au point de fusion de ces acides gras.

Ainsi dans le beurre de cacao comme dans d'autres matières grasses, les triacylglycérols ont différents points de fusion.

Ce qui signifie que lorsque certains triacylglycérols sont fondus d'autres peuvent être encore solides, et ce, en fonction de la température.

Le point de fusion d'une matière grasse est la température à laquelle tous les triacylglycérols sont fondus. Dès lors, les triacylglycérols sont en désordre. Si la température de fusion n'est pas maintenue pendant une durée suffisamment longue, il peut rester de minuscules particules de triacylglycérols qui n'ont pas fondu. C'est la raison pour laquelle on préconise de fondre le chocolat noir à 50 °C.

Lorsque la température est inférieure au point de fusion, les triacylglycérols en fonction de leur propre point de fusion vont adapter différentes organisations que l'on appelle forme. C'est ce principe que l'on appelle le polymorphisme (plusieurs formes).

Le polymorphisme, c'est la capacité des triacylglycérols de revêtir différentes formes (organisations, agencement) en fonction des variations de la température à laquelle ils sont soumis. Cependant, une seule forme permet d'obtenir un produit stable.

Ces formes vont être associées soit à des lettres grecques (gamma Υ, alpha α, beta prime β', beta β) soit à des chiffres romains. Chaque forme est en relation avec une température.

Il est dit que le beurre de cacao aurait 6 formes. Si cette réalité s'est imposée, elle ne fait pas l'unanimité auprès de la communauté scientifique, car si ces formes ont été déterminées en 1966 depuis des chercheurs pensent que le beurre de cacao ne revêtirait que 4 ou 5 formes.

Ce qui est important pour le chocolatier est de savoir que la forme la plus stable est la forme V (Beta). Lorsque les triacylglycérols ont réussi à s'organiser selon la forme beta ou la forme V, on parle alors de cristallisation.

Pour mettre en place cette cristallisation, on a recours au tempérage. Il existe différentes méthodes artisanales pour tempérer le chocolat même si de nos jours les chocolateries utilisent des tempéreuses en continu.

	Température (1966 Wille & Lutton)	Température (1999 Van Malssen et al.)
I ϒ	17°C (16°C-18°C)	-5°C - +5°C
II α	23°C (22°C-24°C)	17°C - 22°C
III β'2	25°C (24°C-26°C)	β' 20°C - 27°C
IV β'1	27°C (26°C-28°C)	
V β 2	34°C (32°C-34°C)	β 29°C - 34°C
VI β 1	36°C (34°C-36°C)	

La méthode traditionnelle pour tempérer le chocolat consiste à fondre le chocolat à 50 °C puis de le tabler (le travailler sur un marbre) pour faire descendre sa température en dessous de 28 °C. Ensuite, le chocolat est ajouté à la tempéreuse pour être réchauffé autour de 32 °C.

La méthode par ensemencement consiste à fondre le chocolat à 50 °C et d'ajouter soit 1/4 de chocolat en pastille, soit refroidir le chocolat à 32 °C et ajouter environ 1 % de beurre de cacao à 33 °C ou du beurre de cacao tempéré.

Les ingrédients de la ganache

Le choix des ingrédients d'une ganache est primordial d'un point de vue qualitatif et gustatif autant que technologique. Le chocolatier ne peut se permettre d'arrondir les angles d'autant plus que la clientèle est de plus en plus éduquée et exigeante. La traçabilité va devenir aussi importante dans l'artisanat qu'elle l'est dans d'autres secteurs alimentaires d'autant plus que la clientèle s'intéresse à connaître la provenance des ingrédients des produits qui leur sont servis.

Pour un chocolatier, la maîtrise de son travail passe aussi par la maîtrise de ses produits. D'un point de vue technologique, le chocolatier doit être exigeant auprès de ses fournisseurs. Il est essentiel d'avoir connaissance des fiches techniques de ses produits. Cela permet, si nécessaire, d'ajuster ces recettes. En effet, un même produit peut avoir des propriétés qui diffèrent d'un fournisseur à un autre. Cela est vrai pour les émulsifiants, les stabilisateurs, les glucoses, le sucre inverti, etc. Même la manière dont sont fabriqués les ingrédients peut avoir une incidence autant sur le goût que sur la conservation. De plus d'un pays à un autre, il peut avoir des différences à commencer par la crème ou le beurre. Il est donc important de bien se renseigner.

D'un point de vue organoleptique, le chocolatier doit choisir les produits riches en saveur même si cette notion est toute relative puisqu'elle est propre à chaque individu. Néanmoins, on s'entend que certains produits expriment mieux leur saveur que d'autres. Cela est d'autant plus important que dans le monde d'aujourd'hui la standardisation et la rentabilité économique ont fait que bien des produits demandent une recherche de tous les instants pour trouver la perle qui viendra sublimer vos préparations.

D'un point de vue bactériologique, le chocolatier doit porter une attention particulière à la manière dont les ingrédients sont conservés et dont ils sont manipulés. Il doit s'assurer à toutes les étapes, que les ingrédients ne subissent pas des contaminations du fait d'une mauvaise manipulation ou du fait de l'environnement. N'oublions pas que les chocolats que nous réalisons devront être aussi bons dans un mois qu'ils ont été le lendemain de leur fabrication. Il est donc primordial de faire attention au choix des ingrédients pour favoriser la conservation et ne pas céder rapidement aux conservateurs même si dans certains cas ils peuvent être utiles.

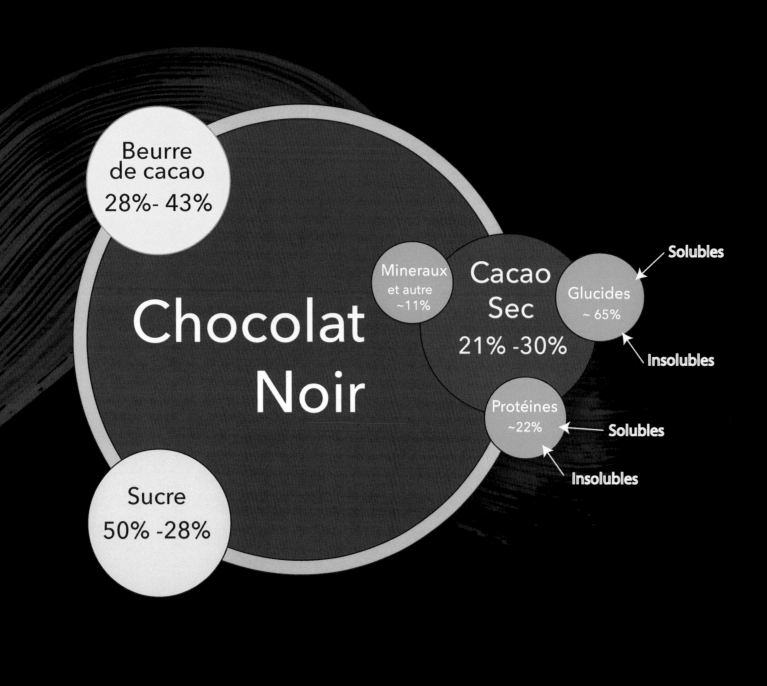

Le chocolat noir

Les chocolats noirs se réalisent à partir de pâte de cacao auquel on ajoute du sucre et une petite quantité de beurre de cacao pour favoriser un meilleur équilibre cacao sec et beurre de cacao. À cela, on additionne de la lécithine pour favoriser la fluidité et bien souvent de la vanille.

Le cacao sec apporte toute sa saveur au chocolat. Cependant, c'est le conchage qui apporte au chocolat toute sa subtilité que l'on ne retrouve pas avec la poudre de cacao. Le conchage est la méthode pour affiner le chocolat à l'aide d'une conche. À l'origine, c'était une machine comprenant des rouleaux de granite qui écrasaient le chocolat durant de longues heures. De nos jours, les conches se sont modernisées même si des conches traditionnelles subsistent pour les chocolatiers. De plus, le conchage influence la manière dont le chocolat se fond en bouche. Dans le conchage, la relation temps et température est importante. Plus la température est élevée, plus le temps est court. Un excès de conchage fait perdre sa saveur au chocolat. Au cours du conchage, les particules de gras vont enrober le cacao sec et adhérer au saccharose ce qui va favoriser les saveurs et atténuer le goût sucré. Ainsi, il y a ainsi un meilleur équilibre au sein du chocolat. C'est le sucre amorphe qui favorise l'absorption des saveurs. Le sucre amorphe peut être vu, de façon imagée, comme un sucre resté à l'état liquide qui n'a pas retrouvé sa forme de cristal. Le conchage, surtout à des températures élevées, ferait perdre au chocolat ses propriétés antioxydantes.

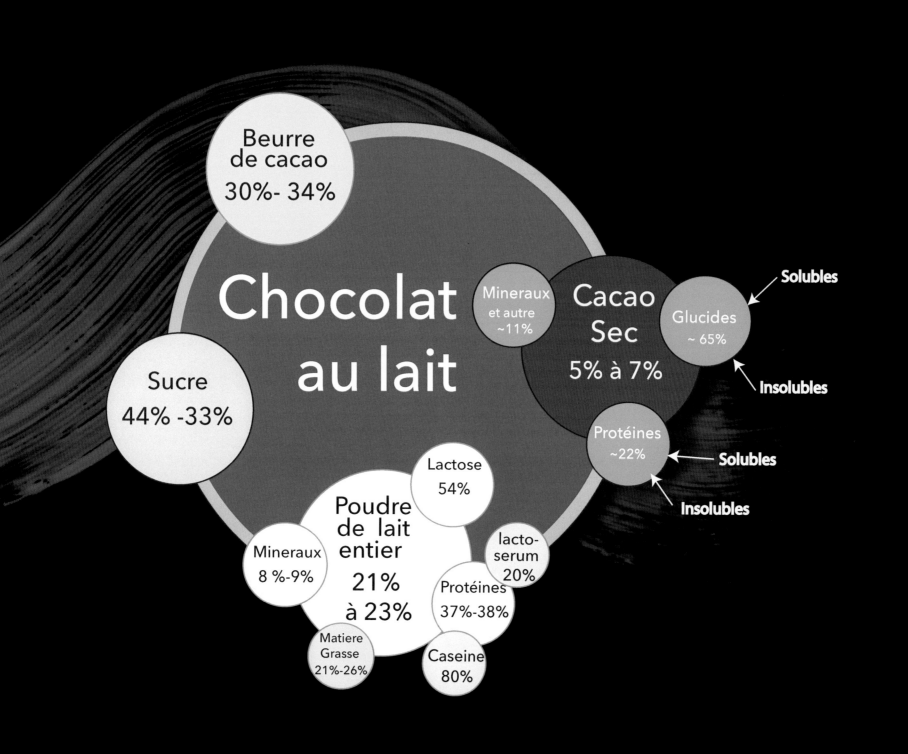

Le chocolat au lait

Les chocolats au lait se réalisent à partir de pâte de cacao à laquelle on ajoute de la poudre de lait entier, du sucre et une certaine quantité de beurre de cacao. À cela, on additionne de la lécithine et bien souvent de la vanille.

Dans le chocolat au lait, le cacao sec ne dépasse pas les 10 %. C'est la matière grasse de la poudre de lait qui va affecter la texture et le goût du chocolat au lait. La synergie entre le beurre de cacao et la matière grasse butyrique a pour conséquence d'avoir une texture plus molle. Ce phénomène est appelé en chimie eutectique. C'est la raison pour laquelle la cristallisation du chocolat au lait se fait à plus basse température. Cependant, la matière grasse présente dans le lait en poudre est majoritairement liquide à température ambiante ce qui explique aussi la raison pour laquelle la tablette de chocolat au lait est moins dure que celle au chocolat noir. La matière grasse du lait ne présente pas que des avantages. Elle est plus sujette à l'oxydation et la durée de vie du chocolat au lait est donc plus courte.

Les protéines du lait agissent comme émulsifiant et favorisent la fluidité du chocolat, même s'il a été démontré que les protéines sériques (lactosérum) favoriseraient davantage la viscosité. Rappelons que les protéines sériques ne représentent que 20 % des protéines du lait en poudre.

La poudre de lait contribue à la texture et au goût du chocolat au lait. Néanmoins, la manière dont la poudre de lait est réalisée peut influencer ces propriétés et même sa saveur.

Chocolat Blanc

Beurre de cacao 29% -35%

Sucre 43% à 47%

Poudre de lait entier 20% à 26%

Mineraux 8 %-9%

Matiere Grasse 21%-26%

Lactose 54%

lacto-serum 20%

Protéines 37%-38%

Caseine 80%

Le chocolat blanc

Le chocolat blanc ne contient que du beurre de cacao. Cependant, la législation lui permet de donner le nom de chocolat. C'est le beurre de cacao combiné à la poudre de lait qui donne ce goût si caractéristique au chocolat blanc qui plaît à certains gourmands.

En pâtisserie et en chocolaterie, il a été longtemps boudé avant d'entrer dans les moeurs des pâtissiers. Après la mousse aux trois chocolats qui a connu un certain succès à la fin du XXe siècle, le chocolat a été utilisé comme matière grasse dans des préparations aux fruits comme certains crémeux. Cependant, le chocolat blanc apporte beaucoup de sucre, et l'arrière-goût qu'il laisse n'est pas toujours aussi agréable qu'on le prétend même si certains laissent entendre que l'acidité du fruit viendrait contrebalancer le côté sucré du chocolat.

Le chocolat blanc c'est aussi une couleur pour des décors qui vient contraster avec la couleur noire du chocolat.

De nos jours, il existe des chocolats blancs sans lactose où la poudre de lait est remplacée par de la crème de riz. Le chocolat devient alors une matière grasse sucrée.

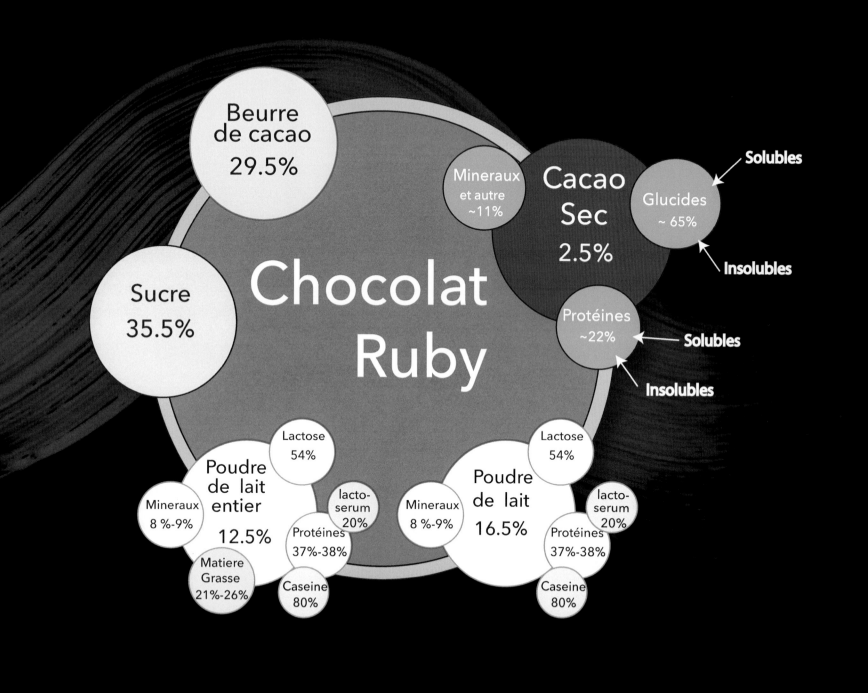

Le chocolat Ruby

Le chocolat Ruby est le dernier né des chocolats de Barry-Callebaut. Ce chocolat de couleur rubis a soulevé autant d'enthousiasme que de questions. Dans un monde où circule les fausses nouvelles et les rumeurs, il est bien entendu que l'idée que le chocolat ait été coloré artificiellement ou modifié génétiquement se sont fait entendre. Pourtant, il n'y a rien de mystérieux au chocolat Ruby, potentiellement, selon les variétés, les chocolats pourraient tous devenir des chocolats Ruby. En effet, c'est l'anthocyanine qui donnerait au chocolat Ruby sa couleur si caractéristique. L'anthocyanine est un puissant antioxydant présent dans la fève de cacao. Il est connu que l'anthocyanine disparaît pour près de 80 % lors de la fermentation des fèves de cacao. La couleur rouge/pourpre se transforme en couleur marron foncé. Cependant, des études montrent si la fermentation est interrompue rapidement, la couleur rouge/pourpre va être maintenue ce qui expliquerait la couleur particulière du chocolat Ruby. Pour préserver la couleur, il est essentiel de maintenir le taux de pH relativement bas. C'est la raison pour laquelle le chocolat Ruby contient de l'acide citrique. Cependant, la fermentation des fèves de cacao favorise le développement de la complexité des saveurs. Sans elle, le chocolat manque de dimension. L'apport de poudre de lait va apporter de la rondeur et contribuer à la saveur du chocolat Ruby. Le chocolat Ruby devrait être le chocolat le plus riche en antioxydant même si la présence de lait pourrait en diminuer ses effets. D'autre part, malgré la présence de l'acide citrique dans le chocolat Ruby, il n'y a pas de précipitation des protéines du lait (caséines), car probablement la présence du calcium agit comme tampon et permet de maintenir un pH plus élevé que le pH 4.6 à laquelle le lait peut cailler. Le pH du chocolat Ruby est de 5,4. L'utilisation du Ruby dans des préparations nécessite d'abaisser le pH autour de 3,5 pour maintenir la couleur rubis.

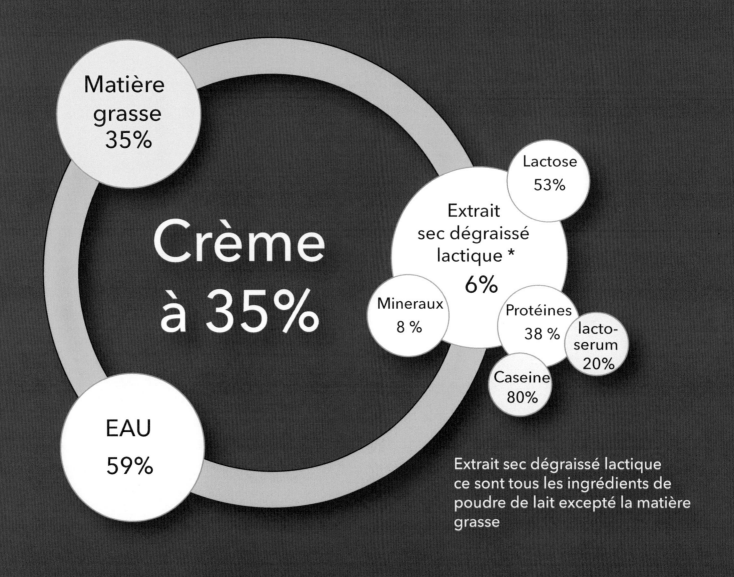

Matière grasse 35%

Crème à 35%

Lactose 53%

Extrait sec dégraissé lactique * 6%

Mineraux 8 %

Protéines 38 %

lacto-serum 20%

Caseine 80%

EAU 59%

Extrait sec dégraissé lactique ce sont tous les ingrédients de poudre de lait excepté la matière grasse

La crème

Le plus souvent, la crème utilisée pour la ganache est la crème contenant 35 % de matière grasse butyrique. Cependant, nos expériences nous ont montré qu'il était possible d'utiliser des crèmes moins grasses comme des crèmes à 30 %. Certains chocolatiers français utilisent aussi des crèmes plus riches dont le taux de matière grasse butyrique peut atteindre 40 %.

En France, il y a des distinctions à faire entre crème fraîche, crème liquide et crème épaisse.

> Crème fraîche : la crème ne doit subir qu'une seule pasteurisation et être conditionnée sur le lieu de production dans les 24 h. (source : syndifrais.com/Syndicat National des Fabricants de Produits Laitiers Frais)

> Crème double ou crème épaisse : c'est une crème qui a subi une fermentation et de consistance épaisse. Le taux de matière grasse peut varier de 12 % à 40 %.

> Crème liquide : c'est une crème qui n'a pas subi de fermentation.

Aux États-Unis et dans certains pays anglo-saxons, les dénominations sont différentes. Nous nous tiendrons uniquement aux dénominations relatives aux produits utilisés en pâtisserie et en chocolaterie.

Light Whipping Cream (crème montée légère) : la quantité de matière grasse butyrique varie entre 30 % et 36 %. C'est une crème pasteurisée. Elle peut être homogénéisée et bien souvent elle est ultra-pasteurisée.

Heavy Cream (crème épaisse) : La quantité de matière grasse butyrique est au minimum de 36 %. C'est une crème pasteurisée. Elle peut être homogénéisée et bien souvent elle est ultra-pasteurisée.

Au Canada, les appellations ne sont pas aussi précises sur la quantité de matière grasse.

Whipping Cream/Crème à fouetter : la quantité de matière grasse butyrique varie de 35 % à 40 %. Généralement, la quantité de matière grasse butyrique est autour de 35 %.

Table Cream/Crème fleurette : C'est une crème légère dont la quantité de matière grasse butyrique varie autour de 20 %.

Cependant, il est possible de trouver des crèmes comprises entre 30%-40% de matière grasse

La plupart des crèmes liquides contiennent du carraghénane dans une quantité de l'ordre de 0,1%. Son utilité est de maintenir les protéines en suspension.

Dans certains pays comme le Canada, la crème peut se voir ajouter des stabilisateurs et des émulsifiants. Nous vous déconseillons d'utiliser ces produits pour les raisons suivantes :

Les stabilisateurs vont influencer la saveur des produits négativement. En effet, les stabilisateurs ont tendance à séquestrer les saveurs. C'est le même phénomène qui se produit avec les gélifiants. C'est-à-dire, plus la dose de pectine ou de gélatine est importante, moins le goût sera présent.

Si d'un point de vue économique, l'ajout d'un émulsifiant peut être un avantage en accélérant la montée de la crème en mousse, l'excès de foisonnement n'est pas un gage de qualité.

Dans certaines préparations comme les crèmes glacées (glaces), les pâtissiers ajoutent des stabilisateurs ce qui peut conduire à un amoindrissement de la qualité de la texture si des ajustements ne sont pas apportés pour s'adapter aux stabilisateurs déjà présents dans la crème. C'est d'autant plus complexe, que les glaciers ne connaissent ni les doses, ni même les formulations des stabilisateurs qu'ils utilisent.

Il est donc préférable d'utiliser des crèmes sans ajout de stabilisateurs et d'émulsifiants. Le carraghénane étant l'exception au vu de l'infime dose ajoutée. Même si le carraghénane peut avoir une influence sur la structure de la crème.

La recherche a montré qu'en fonction de la quantité de matière grasse butyrique présente, de la température de la crème, l'homogénéisation ou la pasteurisation ou

le traitement à ultra haute température (UHT) ainsi que la présence de stabilisateur ou d'émulsifiant pouvaient influencer les propriétés de la crème. Par exemple, plus il y a de matière grasse, plus la crème est ferme et plus elle est stable, mais son taux de foisonnement est moindre. Autre exemple, plus la température de pasteurisation est élevée, plus la crème prend de temps à monter, plus son taux de foisonnement est bas.

Une étude menée en Californie (Observations on the Whipping Characteristics of Cream Author links open overlay panelC.M.Bruhn1J.C.Bruhn) montre que la crème UHT prend plus de 40 % de temps à monter qu'une crème crue ou pasteurisée. Ce qui explique souvent la présence d'additifs qui corrigent le problème. Une crème à 36 % de matière grasse butyrique monte 20 % plus vite qu'une crème ayant moins de matière grasse (30 % +). Dans tous les cas, le taux de foisonnement est moindre sauf si la crème est une crème UHT. Cependant, bien d'autres facteurs peuvent influencer le taux de foisonnement comme l'appareil utilisé jusqu'à faire des différences du simple au double. Toutes ces différences sont perceptibles par le consommateur au moment de la dégustation, car elles affectent la structure de la crème et de ce fait sa texture et donc le goût.

Le beurre

Il est ajouté souvent en fin de préparation sous forme de crème. Certains chocolatiers le font fondre dans la crème.

Composition du beurre : 82 % de matière grasse butyrique, 16 % d'eau, 2 % d'extrait sec dégraissé lactique (ESDL - se référer à la crème)

Il est important de rappeler qu'en Amérique du Nord le beurre contient moins de matière grasse soit 80 %. La quantité d'eau est alors de 18 %. Bien entendu, les professionnels, mais aussi le grand public, peuvent retrouver du beurre à 82 %, voire jusqu'à 84 % au Canada (Nouveau-Brunswick).

En Europe, particulièrement pour le beurre artisanal et le beurre d'appellation, il y a une différence notoire entre le beurre d'été et le beurre d'hiver dû à la nourriture des vaches. Certaines études montrent que des différences pourraient être aussi constatées entre des beurres d'été dont les vaches sont en prairie comparées à celles en alpage comme cela se vérifie pour le fromage.

La principale différence entre le beurre d'été et d'hiver se situe au niveau de la composition de leurs acides gras. Le beurre d'hiver est plus riche en acide palmitique. Le beurre d'hiver, du fait de triacylglycérols à plus haut point de fusion, est plus dur que le beurre d'été qui lui est plus jaune du fait de la richesse en caroténoïde provenant des herbes ruminées par les vaches.

Entre le beurre artisanal et d'appellation et le beurre industriel, la méthode de maturation est différente. Dans la fabrication du beurre, il existe deux types de maturation, la maturation physique et la maturation biologique.

La maturation physique

Elle est l'équivalent du tempérage en chocolaterie. Cette étape est essentielle pour obtenir une bonne cristallisation du beurre. Ce travail dépend beaucoup des triacylglycérols présents dans de la matière grasse butyrique.

En effet, la matière grasse butyrique contenant des triacylglycérols à haut point de fusion donne un beurre plus dur et plus cassant. Il faut donc procéder à une cristallisation à plus basse température. Dans le cas où la matière grasse butyrique aurait des triacylglycérols à bas point de fusion, il est préférable de procéder à une cristallisation à une température plus élevée pour favoriser une certaine fermeté au beurre. Cet équilibre est très important, car il a une influence sur la plasticité du beurre. Il faut arriver à un juste équilibre entre les triacylglycérols à haut point de fusion et ceux à bas point de fusion.

La maturation biologique

Seuls le beurre artisanal et le beurre d'appellation (AOC) connaissent une maturation biologique. C'est-à-dire la crème connaît une maturation de plusieurs heures avec des ferments lactiques. Les autres beurres suivent le principe NIZO qui consiste à ajouter les ferments lactiques en fin de préparation après le barattage.

En Amérique du Nord, le plus souvent, il n'y a pas d'ajout de ferments lactiques. Le choix est porté sur des beurres plus doux. Cependant, le beurre contenant des ferments lactiques comme en Europe existe sous l'appellation beurre de culture.

Les édulcorants

Les principaux sucres utilisés en chocolaterie sont le saccharose, le sucre inverti, le glucose et le dextrose et certains polyols comme le sorbitol.

Le saccharose

Le saccharose, communément appelé le sucre, provient de la culture de la betterave ou de la canne à sucre. Il existe, sous différentes formes, entre autres, en poudre (sucre semoule) ou cristallisé.

Les autres sucres dérivés du saccharose sont

le sucre glace qui est obtenu par broyage très fin du sucre cristallisé. Il peut contenir de l'amidon.

La cassonade est un sucre roux cristallisé.

La vergeoise est un sucre auquel est mélangé du sirop de sucre qui lui confère une texture moelleuse. Elle peut être blonde ou brune. Ce sucre est riche en arôme. Au Canada, elle est appelée cassonade, aux États-Unis « brown sugar» même si l'on peut retrouver le terme de cassonade.

Le glucose/dextrose

Le terme glucose et dextrose porte à confusion d'autant que selon la langue ou le secteur dans lequel on travaille le choix de glucose ou de dextrose peut être utilisé.

En science, on utilise le D-glucose pour désigner le dextrose. C'est la raison pour laquelle en anglais lorsqu'on parle de glucose, il s'agit du dextrose alors que le glucose est appelé sirop de glucose. Le dextrose utilisé en pâtisserie est du dextrose monohydrate (contient un faible pourcentage d'eau environ 8 %) ou anhydre (ne contient pas d'eau). Le dextrose c'est 100 % de glucose. Par défaut, lorsqu'on parle de sirop de glucose en pâtisserie, il s'agit d'un glucose DE 42. En France, lorsqu'on parle de glucose atomisé beaucoup de pâtissiers pensent qu'il s'agit d'un glucose particulier. C'est simplement un sirop de glucose mis sous forme de poudre. En anglais, on parle de «glucose syrup solids».

Le glucose est issu de l'amidon qui a été hydrolysé. Le DE (dextrose équivalent) qui qualifie le glucose représente le pourcentage d'amidon hydrolysé. Un DE de 100 signifie que l'amidon a été entièrement hydrolysé alors qu'un DE 28 il n'y a que 28 % qui a été hydrolysé.

Ce 28 % est composé de sucres réducteurs (dextrose, maltose, maltotriose). Les 72 % restant sont dit des sucres supérieurs. Ce sont eux qui déterminent la viscosité.

Il est important de savoir que deux glucoses ayant un même DE peuvent donner des résultats différents. En effet, la proportion des sucres réducteurs dépend du procédé d'hydrolyse. Cette variation du montant des sucres réducteurs influence les propriétés du glucose. Qui plus est, le glucose peut ne pas correspondre au DE qui lui est attribué du fait du mode calcul ou du type d'analyse effectuée. Il est donc important d'exiger le spectre complet des sucres présents dans le glucose que vous achetez. À titre d'exemple si vous achetez un glucose DE 42 dont les sucres supérieurs sont à 37 % ou que vous achetez un glucose DE 42 dont des sucres supérieurs sont à 57 %, on aura deux produits avec des viscosités différentes, plus de viscosité avec le 57 % qu'avec le 37 %. De la même manière, la teneur en dextrose peut aussi être différente. Il faut donc être exigeant avec ses fournisseurs pour connaître quel type de produit nous est fourni. Ces informations sont d'autant plus importantes si vous avez à faire des démonstrations à l'étranger.

Plus le DE est petit, plus le glucose apporte de la texture et de la viscosité (DE <=20 c'est de la maltodextrine). Il prévient aussi la cristallisation du saccharose et évite lors de la congélation d'avoir des particules de glaces trop grosses. En plus, il stabilise les produits moussants. Il préserve le craquant d'un produit.

Plus le DE est grand, plus le point de congélation est abaissé et donc permet des glaces plus molles à des températures négatives. Ces glucoses permettent de relever les saveurs et de favoriser leur diffusion. Ils sont en plus hygroscopiques (ils retiennent l'humidité, utile pour certaines pâtes). Ces glucoses favorisent aussi une plus grande coloration.

Le taux sucrant est plus important pour des DE élevés, que pour des DE bas.

En pâtisserie et en glacerie, le DE 42 est celui qui est le plus utilisé. Il est considéré comme un DE bas. Cependant, l'utilisation d'un DE 28 peut être un atout autant en pâtisserie qu'en glacerie surtout avec des produits pauvres en matières grasses ou dont la viscosité est basse. Cela apporte de la texture et favorise plus encore le moelleux.

La structure de la ganache

67

En glacerie, la combinaison d'un glucose bas et d'un glucose élevé est un atout pour avoir une glace parfaite. L'un agit sur les cristaux de glace, l'autre sur le point de congélation et sur la saveur.

Les glucoses sont des agents de textures et de structures.

La maltodextrine

La maltodextrine est vendue sous une forme de poudre blanche avec le plus souvent des DE de 1, 10, 15 et 18. Le goût est neutre et très peu sucré. La maltodextrine est souvent utilisée comme un agent de charge. Les maltodextrines réalisées à partir d'amidons cireux sont beaucoup plus stables. Comme pour les glucoses à bas DE la maltodextrine apporte beaucoup de viscosité. Elle est peu hygroscopique ce qui permet de prévenir le ramollissement des produits comme les biscuits. La maltodextrine a été utilisée dans l'industrie pour remplacer une partie de la matière grasse du fait de la texture qu'elle apporte en plus d'être pauvre en calorie. La maltodextrine permet de stabiliser les mousses. Elle peut être utilisée comme liant dans des barres de céréales. Il est possible de réaliser avec la maltodextrine un fondant en direct en la mélangeant avec du sucre glace pour obtenir le même résultat qu'un fondant ordinaire.

Le sucre inverti

Il est très utilisé en France. Il est obtenu par l'hydrolyse du saccharose. Ces propriétés sont identiques au glucose dont le DE est le plus élevé. Contrairement au glucose, le sucre inverti est constitué de glucose et de fructose. En France, le sucre inverti est vendu sous une forme de pâte. Son pouvoir sucrant est 20 % supérieur à celui du sucre. Ce qui suppose que le fructose est en plus grande quantité. En Australie et en Amérique du Nord, le sucre inverti est sous forme de sirop liquide dont le pouvoir sucrant est 10 % inférieur, ou équivalent au saccharose du fait que cette fois le glucose et le fructose sont quasi en quantité égale.

source Danisco	Poids Moléculaire	Pouvoir congélant (FPDF*)	Pouvoir sucrant
Saccharose	342	1.0	1
glucose DE 28	643	0.5	0.4
glucose DE 35	514	0.7	0.4
glucose DE 42	429	0.8	0.5
glucose DE 63	286	1.2	0.7
Dextrose	180	1.9	0.8
Sucre inverti	180	1.9	1.3
Fructose	180	1.9	1.7
Lactose	342	1	0.2
Sorbitol	182	1.9	0.5
Glycerol	92	3.7	0.8

FPDF (Freezing Point Depression Factor). Il est calculé en divisant le poids moléculaire du saccharose par le poids moléculaire du sucre. Plus le chiffre est supérieur à 1, plus le point de congélation est abaissé. Ce nombre sert aussi de référence pour savoir combien d'eau est liée. Cela signifie que plus le nombre est élevé, plus d'eau est liée, plus le sucre abaisse l'activité de l'eau (aW).

	Glucose	Dextrose
Viscosité / Texture	+	−
structure un produit	+	−
améliore la saveur	−	+
transporteur de saveur	−	+
Stabilisateur de mousse	+	−
Abaisse le point de congélation	−	+
Hygroscopique	−	+
Prévient la formation de cristaux de glace	+	−
Prévient la cristallisation du saccharose	+	−

Les polyols

Les polyols, sucres à alcool, sont de plus en plus utilisés en pâtisserie même si la science a soulevé des questions concernant leur consommation et notre santé. Pourtant ces polyols se trouvent à l'état naturel dans nos fruits et certains légumes. Le sorbitol, le maltitol, le mannitol et l'erythriol sont réalisés à partir de sirop de glucose, alors que l'isomalt et le xylitol sont réalisés à partir de saccharose.

Les principaux polyols utilisés en chocolaterie sont le sorbitol et le glycérol (glycerin en anglais). Ces polyols ont un pouvoir sucrant moins élevé que le saccharose de

50 % de moins pour le sorbitol, de 20 % de moins pour le glycérol. Leur utilisation est davantage préconisée pour leur capacité à favoriser la conservation des ganaches du fait de leur capacité de lier l'eau particulièrement le glycérol. Du fait de leur faible poids moléculaire, ils peuvent abaisser le point de congélation et devenir un atout dans les glaces. En chocolaterie, il est préférable d'utiliser du sorbitol en poudre. Le sirop de sorbitol contient 30 % d'eau.

Plus la température est élevée, plus la solubilité des polyols est importante. Le sorbitol est très soluble dans l'eau. D'autres polyols comme l'isomalt ou le mannitol sont moins solubles dans l'eau.

Le sorbitol et le glycérol sont très hygroscopiques. C'est-à-dire qu'ils retiennent l'eau. Cela permet de conserver le moelleux des produits et favoriser leur conservation. A contrario, l'isomalt et le mannitol sont bien moins hygroscopiques. Ils conviennent mieux à des produits dont on veut conserver leur craquant comme des sablés ou des cookies.

Propriété du Sorbitol	Propriété du Glycérol
Améliore la conservation	
Apporte une sensation de fraîcheur	
Améliore la texture, donne une certaine plasticité au produit	
Abaisse le point de congélation	
Préviens la cristallisation du saccharose.	
Ces produits ont des propriétés laxatives. Ils provoquent des inconforts intestinaux s'ils sont utilisés à haute dose	

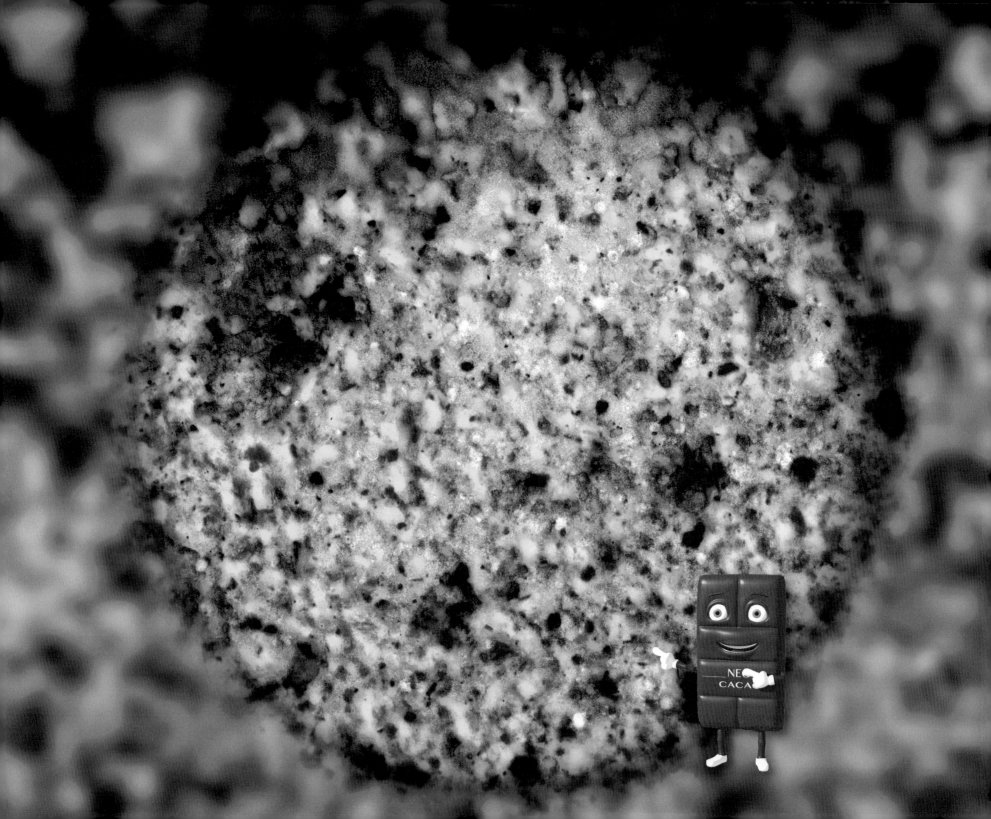

L'analyse des ganaches

Pour bien comprendre la structure de la ganache, nous avons décidé d'étudier les ganaches traditionnelles présentées à la page 7. L'étude va se porter non seulement sur la méthodologie, mais sur l'influence des instruments utilisés pour la réaliser. Pour ce faire, nous avons eu recours à la microscopie confocale.

L'étude au microscope

La technique utilisée pour analyser les ganaches est la microscopie confocale à balayage laser. Cette technique permet d'analyser un produit en analysant les différentes couches qui le constituent.

Pour mettre en évidence certains éléments plus que d'autres, on choisit des colorants spécifiques qui vont permettre de les révéler.

Pour le cas de la ganache, nous avons décidé de mettre en évidence non seulement la matière grasse, mais aussi les protéines et les polysaccharides insolubles. Chaque colorant est associé à une couleur.

Ainsi lorsqu'on obtient une image du microscope l'image ouvre trois fichiers en noir et blanc. Ces fichiers doivent être manipulés pour mettre en évidence chacune des couches. Ensuite, ils sont assemblés. Par défaut, le logiciel attribue des couleurs à chacune des couches vertes pour la matière grasse, rouge pour les protéines et bleu pour les polysaccharides. Cependant, nous avons fait le choix de choisir les couleurs de notre choix. S'il est possible de manipuler l'image, et ce dans une certaine mesure, il est déconseillé de le faire, car cela pourrait fausser les résultats. D'ailleurs si l'on venait à relever le contraste d'une image il faudrait l'appliquer de façon identique aux autres couches. Bien entendu, il est toujours préférable de se référer à l'image de base. Nous avons pris le soin d'être le plus attentifs aux images, à la fois pour qu'elles soient conformes à ce qu'elles représentent, et qu'en même temps elles puissent être suffisamment claires pour la présentation dans le livre. C'est la raison pour laquelle nous avons choisi des couleurs lumineuses. De plus dans l'image, il faut éliminer les bords et s'attarder principalement au centre pour avoir un regard le plus juste sur le produit analysé.

Ainsi nous avons utilisé l'orange pour représenter la matière grasse, le cyan pour les polysaccharides insolubles et le rouge pour les protéines. Lorsque les couches se superposent, les couleurs s'additionnent. Les taches noires représentent principalement l'eau, mais pourraient représenter d'autres éléments qui n'appartiennent pas aux trois catégories analysées. En principe, le sucre ne devrait pas se voir, mais il est possible d'envisager que le sucre cristallisé forme un réseau qui serait enchevêtré avec la matière grasse. Certains points noirs se perçoivent dans le cacao sec que l'on a analysé. Cela suppose qu'il puisse s'agir de résidus des coques de cacao sans pour autant être certain que ce soit le cas.

Qu'avons-nous voulu analyser ?

Sachant la complexité de la ganache, nous avons voulu analyser non seulement la matière grasse, mais aussi les protéines et les polysaccharides insolubles présents dans le cacao sec.

Le cacao sec contient environ 38 % à 42 % de glucides, dont environ 28 % à 30 % de fibres, le reste étant des amidons et des sucres résiduels. 60 % des fibres sont des fibres insolubles, principalement de la cellulose. Le cacao sec contient aussi des protéines 25 % à 28 % dont près de 52 % sont solubles dans l'eau.

Les polysaccharides sont donc des sucres complexes dont fait partie la cellulose, certains amidons.

Il est important de rappeler que les fibres et les protéines solubles se comportent comme le saccharose, elles se lient aux molécules d'eau.

Dans la ganache, le cacao sec est souvent considéré comme un élément secondaire alors qu'il est un élément principal. Qui plus est, il ne peut être considéré comme un produit uniforme. C'est-à-dire que le comportement du cacao sec dépend de tous les éléments qui le constituent. Les fibres, les amidons, les minéraux, entre autres, jouent chacun d'eux un rôle particulier qui influencent sans aucun doute la structure du produit, mais aussi la saveur de la ganache.

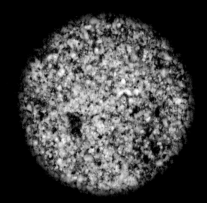

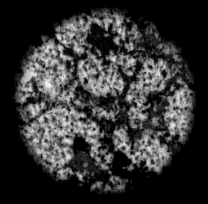

Dans un pareil cas de figure, on a une parfaite dispersion du cacao sec (polysaccharides et protéines) et de la matière grasse dans l'eau. C'est-à-dire que l'ensemble est réparti de façon équilibrée même si les particules des protéines, du cacao sec ou de la matière grasse restent regroupées sans pour autant avoir des agglomérats à l'exception du cacao sec où les particules tendent davantage à se toucher entre elles. On présume que le cacao sec est en suspension dans l'eau.

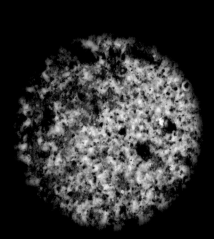

Dans un pareil cas, les polysaccharides n'apparaissent pas et les protéines en rouges sont peu présentes. Les uns, comme les autres, forment des masses plus ou moins uniformes qui se sont séparées de façon distincte. Il n'y a pas de dispersion de leur particule ou très faiblement. On présume qu'ils ont sédimenté. Par contre, la matière grasse s'est dispersée en petite masse compacte.

Dans un pareil cas, les polysaccharides n'apparaissent pas, ou de façon partielle. Les protéines sont d'avantages dispersés dans la matière (rouges | rouges-orangées). On peut présume que les protéines sont davantage en suspension, et que les polysaccharides sédimentent bien plus.

Le protocole d'analyse de la ganache

Le chercheur Alexander Voronkov spécialiste de la microscopie confocale a établi un protocole particulier pour nous permettre de voir la matière grasse et les protéines et les polysaccharides insolubles. Il est important de savoir que les éléments solubles ne peuvent pas être vus. Ainsi, à l'aide de colorants particuliers, chacun censé mettre en valeur les 3 composantes souhaitées, le chercheur a mis au point un procédé pour mettre en lumière ces composantes lors de l'analyse de la ganache. Ainsi, on a obtenu pour chaque expérience 3 images de couleurs différentes, le jaune pour la matière grasse, le rouge pour les protéines et la bleue pour les polysaccharides. Ces images une fois assemblées donnent l'image de la ganache.

Comment interpréter les images

Ce ne fut pas un exercice facile, car les images sont sujettes à interprétation. C'est la raison pour laquelle nous avons fait un nombre important d'analyses au microscope pour étudier différents cas de figure pour arriver à dégager certaines évidences. On est arrivé à mettre en lumière 3 cas de figure en sachant que chacune de ses figures peut avoir des variantes. Le premier cas ce sont les polysaccharides en bleu qui dominent et sont répartis sur l'ensemble de l'image. Le deuxième cas ce sont les matières grasses qui dominent et dans ce cas l'image prend la couleur jaune. Si c'est une couleur uniforme, c'est que la matière grasse représente la phase continue. Si la couleur représente plus de petites taches les unes plus ou moins collées aux autres la matière grasse est dispersée. Le troisième cas de figure où la matière grasse et les protéines sont mélangées pour donner une couleur plus orangée avec des tâches bleues. C'est l'intermédiaire entre le cas 1 et le cas 2.

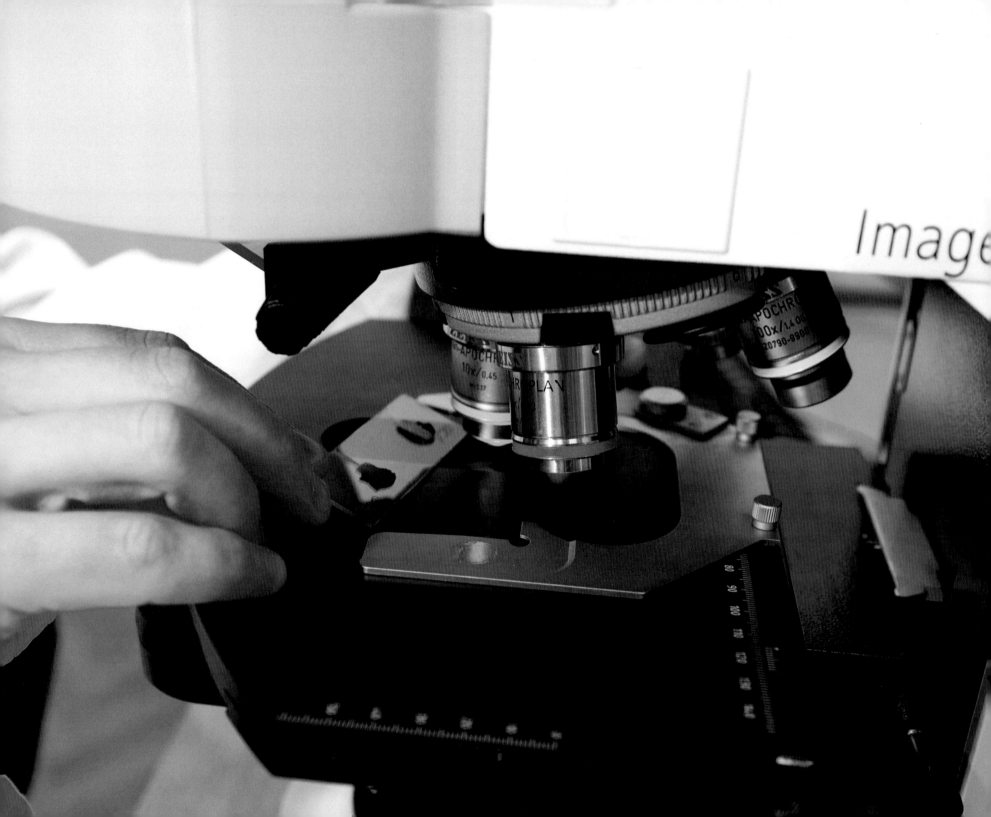

Analayse des méthodes traditionnelles

Dans les pages 62 à 71 nous avons analysé les méthodes les plus usuelles en pâtisserie et chocolaterie

Dans les pages 72 à 81 nous avons analysé l'impact que peuvent avoir les différents instruments utilisés en chocolaterie et pâtisserie. Pour ces expériences, nous avons utilisé la même méthode de travail soit la crème et le chocolat portés à 50 °C avant d'être émulsionnés.

Toutes les ganaches ont été réalisées avec le même chocolat et la même crème.

Une fois les ganaches réalisées, elles sont refroidies à 32 °C avant de le laisser à température de 20 °C avec une faible humidité jusqu'au jour suivant. Le lendemain, les ganaches sont analysées au microscope et la mesure de l'aW est prise.

Nous avons mis la crème sur le chocolat comme le font les pâtissiers et les chocolatiers. Cependant, vous verrez plus loin dans le chapitre que l'ordre a sans doute plus d'importance qu'il n'y paraît.

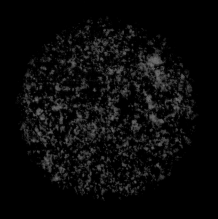

Protéines

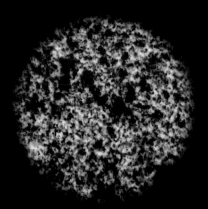

Matière grasse butyrique
et beurre de cacao

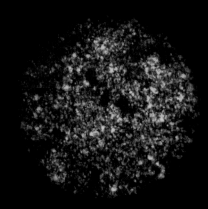

Polysaccharides insolubles

aW activité de l'eau	0.909
Couleur / aspect	Couleur mate - Couleur rougeâtre
Texture	Molle - Tendance à se déchirer - Présence de minuscules grains
Qualité de la fonte	Fonte harmonieuse
Goût	Sensation de gras - goût chocolaté - amertume - légère acidité
Protéines	Bien dispersées dans la matière grassse
Matière Grasse	Bonne dispersion mais de façon non homogène (présence de trous noirs / eau)
Polysaccharides	Bonne répartition dans la matière grasse mais présence d'agglomérats

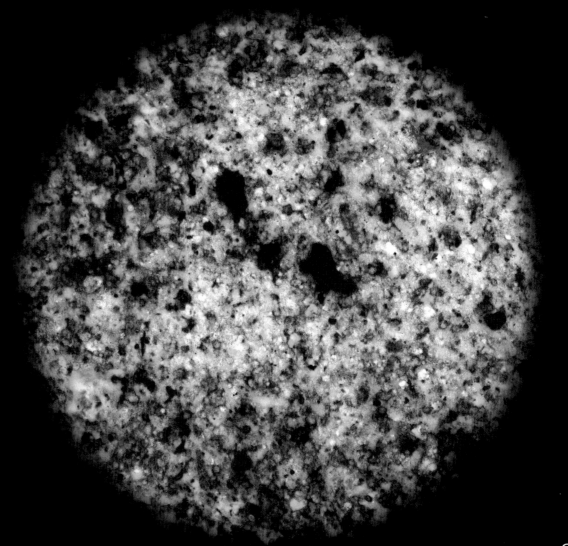

Méthode à 100°C /chocolat haché

100g de chocolat - 93g de crème

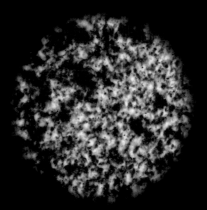

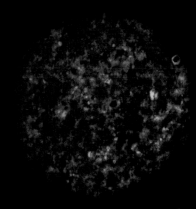

Protéines

Matière grasse butyrique
et beurre de cacao

Polysaccharides insolubles

aW activité de l'eau	0.921
Couleur / aspect	Reflets lumineux - Couleur rougeâtre foncée
Texture	Tendre - Lisse - Minuscules grains presque imperceptibles
Qualité de la fonte	Fonte légèrement irrégulière
Goût	Sensation de gras prononcée - Goût chocolaté - Légère acidité
Protéines	Dispersion moins uniforme
Matière Grasse	Diispersion plus ou moins homogène - Matière grasse plus concentrée, moins fondue (couleur orange foncée)
Fibres	Dispersion moins uniforme

Méthode à 80°C /chocolat haché

100g de chocolat – 93g de crème

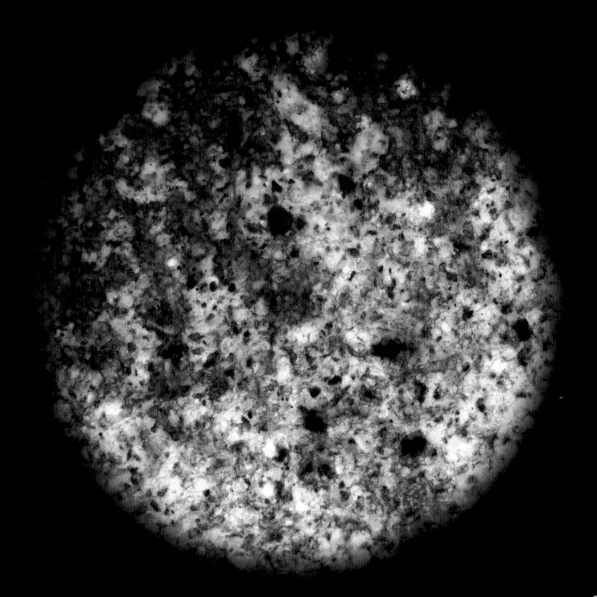

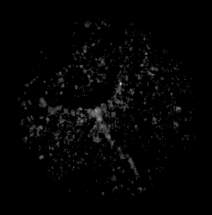

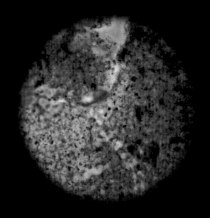

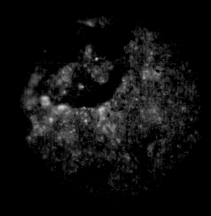

Protéines

Matière grasse butyrique
et beurre de cacao

Polysaccharides insolubles

aW activité de l'eau	0.921
Couleur / aspect	Reflets lumineux - Couleur rougeâtre foncée
Texture	Tendre - Lisse - Minuscules grains presque imperceptibles
Qualité de la fonte	Fonte harmonieuse
Goût	Sensation de gras prononcée - Goût chocolaté -Légère acidité
Protéines	Dispersion moins uniforme
Matière Grasse	Diispersion plus ou moins homogène - Matière grasse plus concentrée, moins fondue (couleur orange foncée)
Fibres	Dispersion moins uniformes

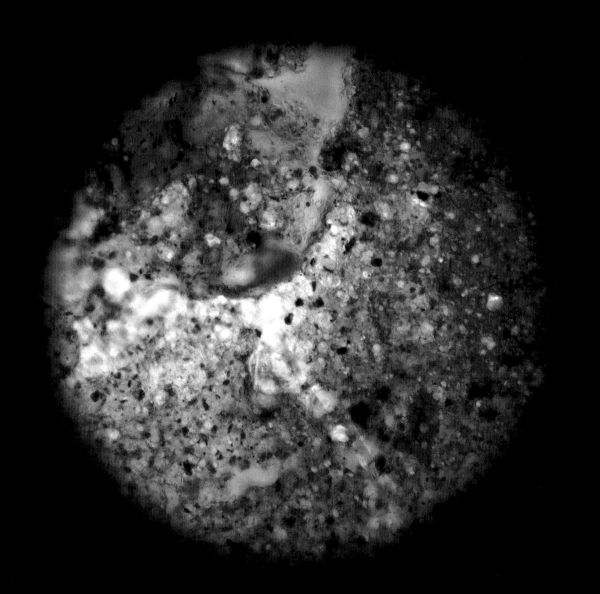

Méthode à 32°C /chocolat fondu

100g de chocolat - 93g de crème

Protéines

Matière grasse butyrique
et beurre de cacao

Polysaccharides insolubles

aW activité de l'eau	0.939
Couleur / aspect	Reflets lumineux - Couleur rougeâtre très foncée
Texture	Caassante - Tendance à se déchirer - Légèrement collante - Présences de minuscules grains
Qualité de la fonte	Fonte irrégulière
Goût	Sensation de gras assez prononcée - Goût chocolaté moins présent - Goût plus cacaoté - acidité - amertume
Protéines	Très mauvaise dispersion. Ils se sont séparés partiellement de la matière grasse.
Matière Grasse	La matière grasse s'est divisée en tas presque des agglomérats - Matière grasse plus concentrée moins fondue (couleur orange foncée)
Fibres	Très mauvaise dispersion. Elles se sont séparées partiellement de la matière grasse.

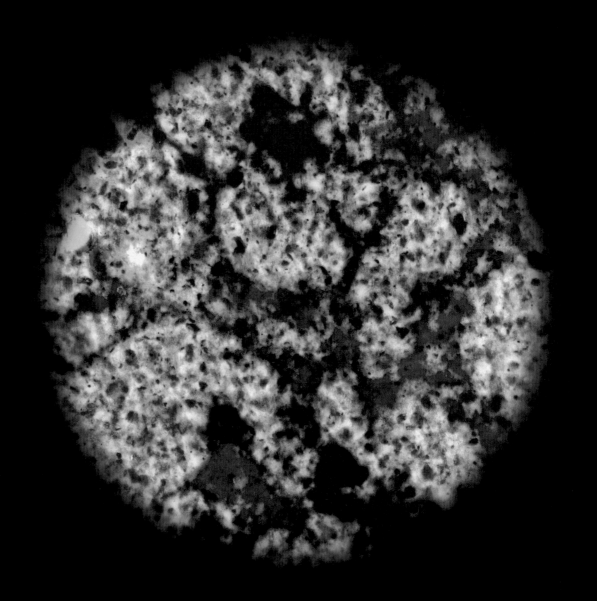

Méthode en 3 fois / chocolat fondu

100g de chocolat - 93g de crème

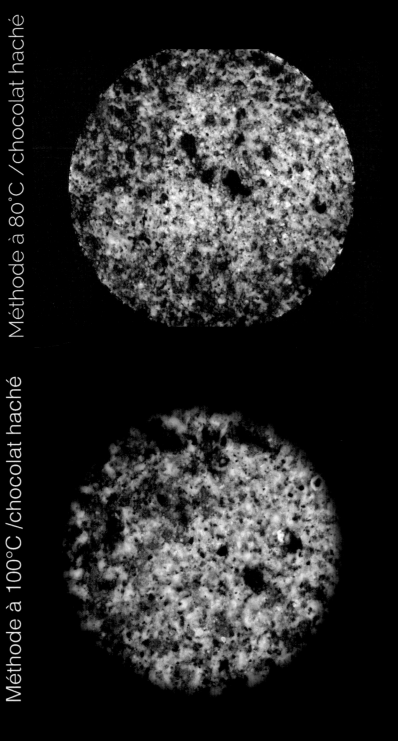

Méthode à 80°C / chocolat haché

Méthode à 32°C / chocolat fondu

Méthode à 100°C / chocolat haché

Méthode en 3 fois / chocolat fondu

88

Constatations et interprétations

La variation de l'aW (activité de l'eau) permet de penser que le sucre n'est pas dissous de la même manière dans les 4 expériences. Plus la température est élevée, plus le sucre est dissous et plus bas est l'aW. Cette différence de température explique aussi la couleur rougeâtre des ganaches. Ainsi cela aurait de l'influence aussi sur la couleur. Plus le cacao sec est dispersé dans l'eau, plus la couleur est claire. Avec les températures basses, le cacao sec est moins dispersé dans l'eau. Il reste partiellement prisonnier de la matière grasse.

Ce changement de température va influencer aussi la fonte des triacylglycérols et sans doute expliquer la couleur plus orangée de la matière grasse sur les images au microscopes. Rappelez-vous que la ganache réalisée en trois fois entraîne une solidification plus rapide des triacylglycérols.

Les trous noirs que vous pouvez observer sont principalement la présence d'eau. Il est possible que de petits points noirs dans la matière grasse soient aussi du sucre qui s'est cristallisé. Cependant, nous avons découvert que dans le cacao sec se trouvaient des particules noires de dimensions diverses dont il a été difficile à ce jour d'expliquer de quoi il pourrait s'agir. Probablement, il s'agirait de la coque des fèves de cacao.

Dans la ganache à 100 °C, la haute température semble avoir dispersé davantage les protéines et entraîné la précipitation des polysaccharides insolubles qui se sont agglomérés ce qui n'est pas le cas de la ganache à 80 °C.

À 80°C la dispersion est plus compacte et les polysaccharides sont sans doute davantage restés en suspension. Les trous noirs sont davantage plus petits. Tout laisse à penser qu'à 80 °C on pourrait avoir une dispersion des ingrédients plus homogène, mais plus concentrée.

À 32 °C si les polysaccharides insolubles et les protéines sont dispersés de façon moins uniforme ce serait dû au fait qu'une partie d'entre eux sont restés prisonniers de la matière grasse qui n'a pas fondu. Où encore que cela soit du fait de la viscosité du beurre de cacao qui rend difficile une bonne dispersion.

Autrement dans toutes les ganaches les protéines et les polysaccharides insolubles ont tendance à se superposer.

Les ganaches, excepté celle en 3 fois, sont davantage devenues une pâte qu'une émulsion du fait de l'agglomération de la matière grasse et du cacao sec au vu de la faible quantité d'eau, même si nous restons dans une dispersion de matière grasse et de cacao sec dans l'eau. Cette dispersion n'est pour autant pas parfaite, car la matière grasse et le cacao sec ne sont pas bien répartis dans l'eau vu la présence de plus ou moins grands trous noirs.

La méthode en 3 fois est une méthode assez particulière. La crème chaude est versée en trois fois sur le chocolat fondu. À chaque mélange, cela entraîne un refroidissement de la crème et de ce fait une cristallisation d'une partie des triacylglycérols. Le mélange en 3 fois n'a pas favorisé leur dispersion. La matière grasse s'est agglomérée en plusieurs parties, jusqu'à ce que le cacao sec se soit presque séparé de la matière grasse. Cette méthode censée être le nec plus ultra de l'émulsion n'est pas une émulsion. Nous pourrions presque l'appeler

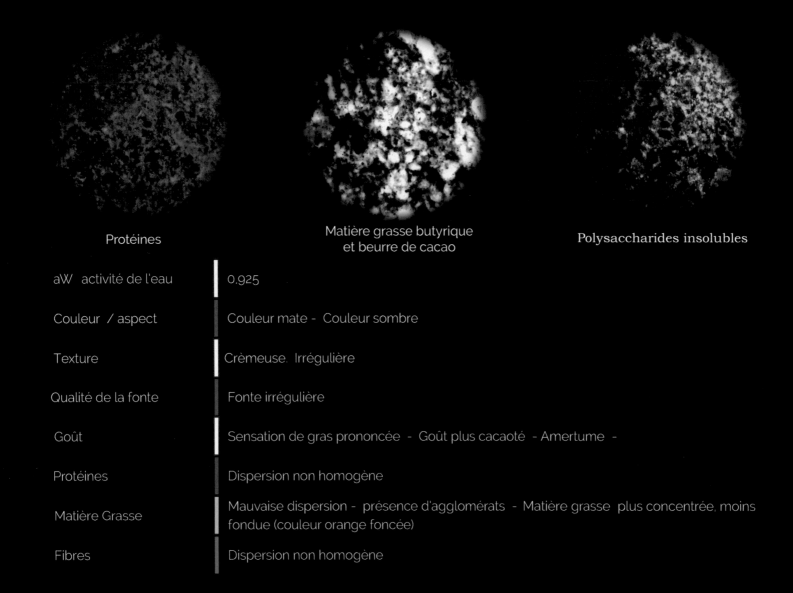

Protéines   Matière grasse butyrique   Polysaccharides insolubles
et beurre de cacao

aW activité de l'eau	0,925
Couleur / aspect	Couleur mate - Couleur sombre
Texture	Crèmeuse. Irrégulière
Qualité de la fonte	Fonte irrégulière
Goût	Sensation de gras prononcée - Goût plus cacaoté - Amertume -
Protéines	Dispersion non homogène
Matière Grasse	Mauvaise dispersion - présence d'agglomérats - Matière grasse plus concentrée, moins fondue (couleur orange foncée)
Fibres	Dispersion non homogène

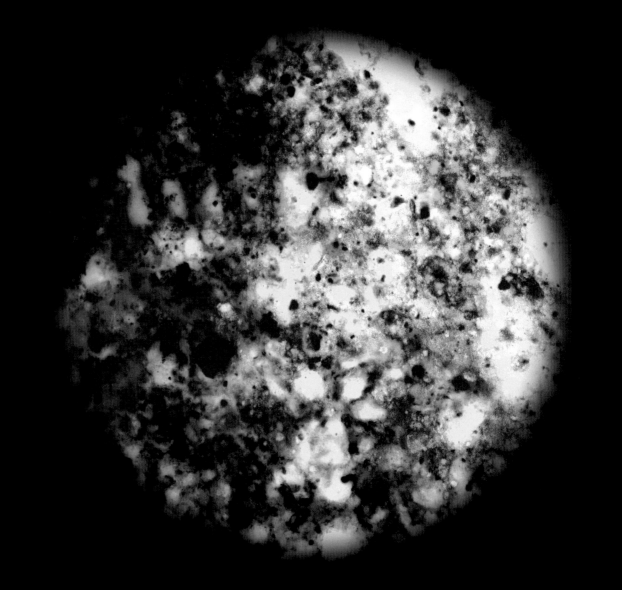

Méthode Spatule

100g de chocolat - 93g de crème

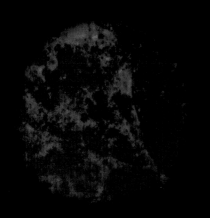 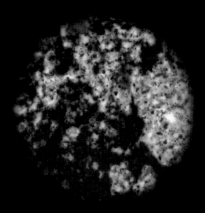 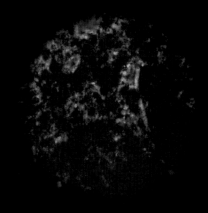

Protéines   Matière grasse butyrique et beurre de cacao   Polysaccharides insolubles

aW activité de l'eau	0.929
Couleur / aspect	Brillante - Couleur sombre rougeâtre - Trace de beurre de cacao
Texture	Crèmeuse et onctueuse
Qualité de la fonte	Fonte harmonieuse
Goût	Sensation de gras - Pointe de fruité - Pointe d'acidité - Goût plus cacaoté Amertume
Protéines	Dispersion désordonnée - Présence d'agglomérats
Matière Grasse	Mauvaise dispersion - Présence d'agglomérats - Matière grasse plus concentrée, moins fondue (couleur orange foncée)
Fibres	Dispersion désordonnée

92

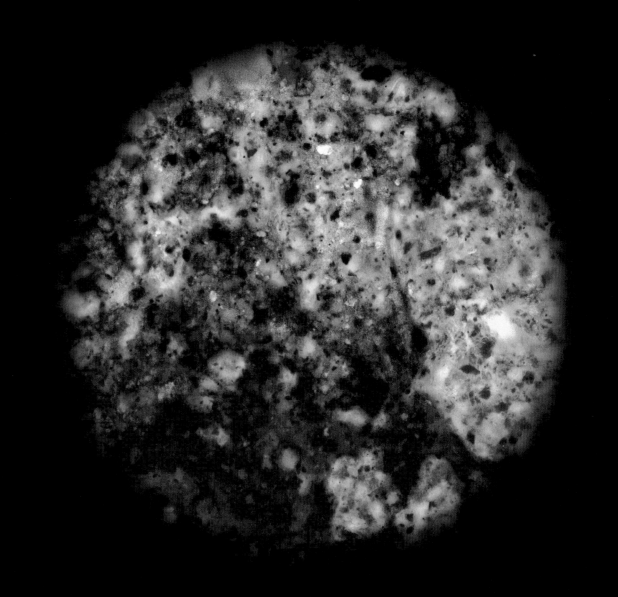

Méthode fouet

100g de chocolat - 93g de crème

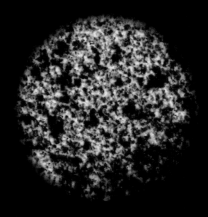

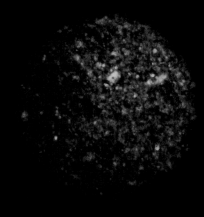

Protéines

Matière grasse butyrique
et beurre de cacao

Polysaccharides insolubles

aW activité de l'eau	0.906
Couleur / aspect	Brillante - couleur rougeâtre
Texture	Crèmeuse
Qualité de la fonte	Fonte harmonieuse
Goût	Goût plus rond - Chocolaté - Pointe dacidité et de fruité.
Protéines	Dispersion des protéines hétérogènes
Matière Grasse	Dispersion imparfaite - Matière grassse plus concentrée, moins fondue (couleur orange foncée)
Fibres	Dispersion des protéines convenables, mais mauvaise répartition

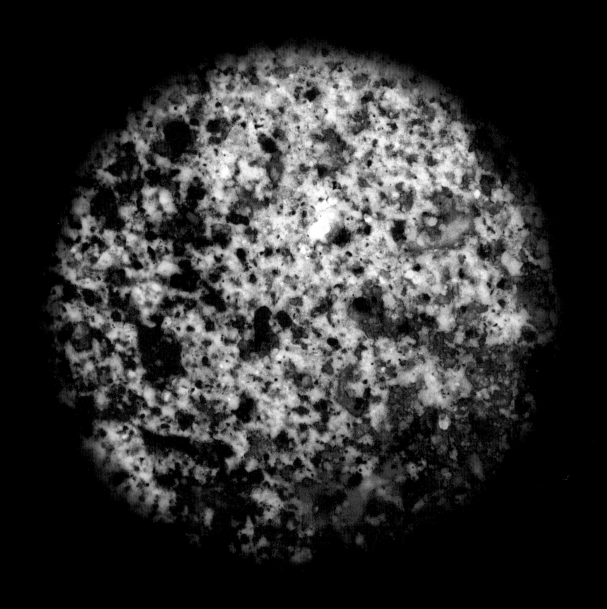

Méthode Mixeur à Bras Plongeant (girafe)

100g de chocolat – 93g de crème

Protéines

Matière grasse butyrique
et beurre de cacao

Polysaccharides insolubles

aW activité de l'eau	0.919
Couleur / aspect	Légèrement brillant - Couleur foncée
Texture	Crèmeux compacte
Qualité de la fonte	Font harmonieuse
Goût	Goût plus rond - acidité - amertume
Protéines	Dispersion des protéines convenables mais mauvaise répartition
Matière Grasse	Dispersion imparfaite - matière plus concentrée, moins fondue (couleur orange foncée)
Fibres	Dispersion désordonnée avec tendance à former des agglomérats

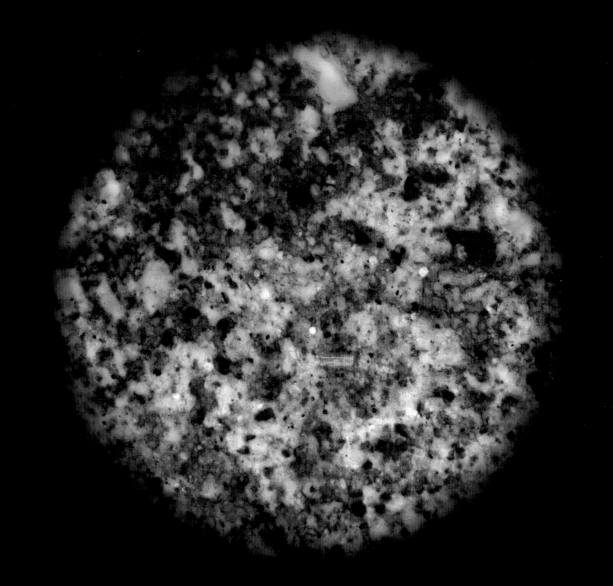

Méthode Mixeur (RobotCook)

100g de chocolat - 93g de crème

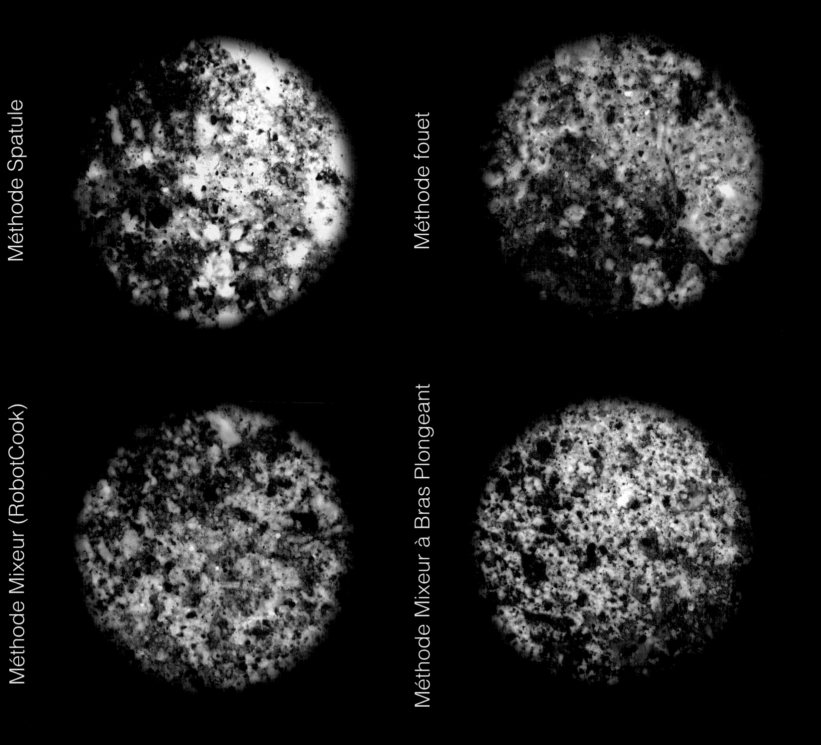

Méthode Spatule

Méthode fouet

Méthode Mixeur (RobotCook)

Méthode Mixeur à Bras Plongeant

98

Constatations et interprétations

Dans le même principe que les tests précédents, la variation de l'aW (activité de l'eau) est en fonction de la capacité des produits solubles comme le sucre de se dissoudre dans l'eau. Plus la vitesse est importante, plus elle favorise la dissolution, plus l'aW diminue.

Comme pour les expériences avec les méthodes traditionnelles, il y a une relation adsorption et l'absorption des ingrédients sur la couleur et la brillance.

On constate, une fois encore, que la couleur plus foncée de la matière grasse s'expliquerait du fait qu'elle s'est moins fondue et davantage agglomérée comme dans le cas du mélange à la spatule et dans une certaine mesure du mélange au fouet. Ces deux instruments favorisent un refroidissement plus rapide et une moins bonne dispersion que des instruments électriques. Ce qui explique une moins bonne dispersion du cacao sec particulièrement avec le fouet ou le cacao sec ne se mélange pas à la matière grasse comme dans la méthode en 3 fois.

Si la méthode au RobotCook et à la girafe donne des résultats semblables, la girafe a favorisé une meilleure dispersion de la matière grasse ce qui confère un mélange plus homogène.

Une fois encore, la matière grasse la moins bien dispersée et la plus agglomérée comme à la spatule donne une sensation plus grasse.

Que nous disent ces méthodes traditionnelles sur la ganache ?

Lorsque nous ajoutons un liquide, en fonction de sa température, on entraîne une fonte plus ou moins importante des triacylglycérols. Cette fonte libère partiellement le sucre et le cacao sec, et ce, en fonction de la température du liquide ajouté. Le sucre et les éléments solubles du cacao sec peuvent se dissoudre dans l'eau et entraîner une baisse de l'aW. Même si elle est faible, elle reste significative. Cette dissolution des matières solubles a pour conséquence un changement au niveau de la couleur de la ganache. Pour appuyer nos dires, nous avons mélangé du cacao en poudre et de l'eau pour former une pâte et d'autre part nous avons mélangé la même quantité d'eau avec du saccharose et du cacao en poudre. Le cacao ne contenant pas de sucre a donné une couleur claire et rougeâtre plutôt mate, et la préparation contenant du sucre à une couleur plus noire et plutôt brillante.

eau de la crème	extrait sec de la crème, sucre et cacao sec	matière grasse butyrique et beurre de cacao

100g de chocolat - 93g de crème

Le rôle de la température à un effet sur la dispersion du cacao sec et de la matière grasse. Plus la température est élevée, plus la dispersion est importante. Moins la température est importante, plus la dispersion est désordonné avec moins de triacylglycérols fondus et possibilité d'agglomérats. Avec une température moins élevée, la perception de matière grasse en bouche est plus importante et préserve une certaine rondeur et le goût du chocolat est atténué. Avec une température plus élevée, la dispersion de la matière grasse est plus importante de même que le cacao sec. De ce fait, le goût cacaoté est plus présent. On ressent davantage l'amertume d'autant plus que le sucre ne s'est pas fondu complètement dans l'eau. On perd la rondeur à laquelle on pourrait s'attendre. Cela s'expliquerait par le fait que la matière grasse n'a pas suffisamment fondu pour former une émulsion et permettre une meilleure dispersion des éléments dans l'eau. Les instruments ne semblent pas assez puissants pour réduire la matière grasse et le cacao sec en petites particules qui seraient répartis parfaitement dans l'eau.

Cette connotation se perçoit avec l'utilisation des divers instruments testés. En effet, même les instruments à haut cisaillement ne permettent pas d'avoir une dispersion suffisante malgré de bons résultats. Les instruments comme le fouet et la spatule ont tendance à favoriser l'agglomération. Le fait de la dissolution incomplète du sucre dans l'eau expliquerait, en partie cette problématique. Le cacao sec adsorbant l'eau, il se retrouve partagé entre la matière grasse et l'eau du fait qu'il est à la fois lipophile et hydrophile. En fait, un instrument à très haut cisaillement favoriserait davantage la dissolution du sucre et entraînerait sans doute une meilleure dispersion de la matière grasse et probablement cela engendrerait une émulsion. Cependant, il reste une question difficile à résoudre celui de l'effet de deux matières grasses aussi différentes que la matière grasse butyrique et le beurre cacao. Est-ce que ce mélange aurait un impact sur la dispersion de la matière grasse?

Quelles questions soulèvent ces méthodes traditionnelles sur la ganache ?

La ganache est-elle réellement une émulsion ?

La ganache à la crème est-elle la meilleure solution sachant les différences entre la matière grasse laitière et celle du beurre de cacao ?

Un produit déstructuré donne-t-il plus de goût qu'un produit structuré ?

La dispersion des éléments contenus dans la ganache se produit-elle mieux à basse température ?

La dissolution du sucre dans l'eau de la ganache peut-elle entraîner un changement de la structure de la ganache ?

La ganache est-elle trop grasse ?

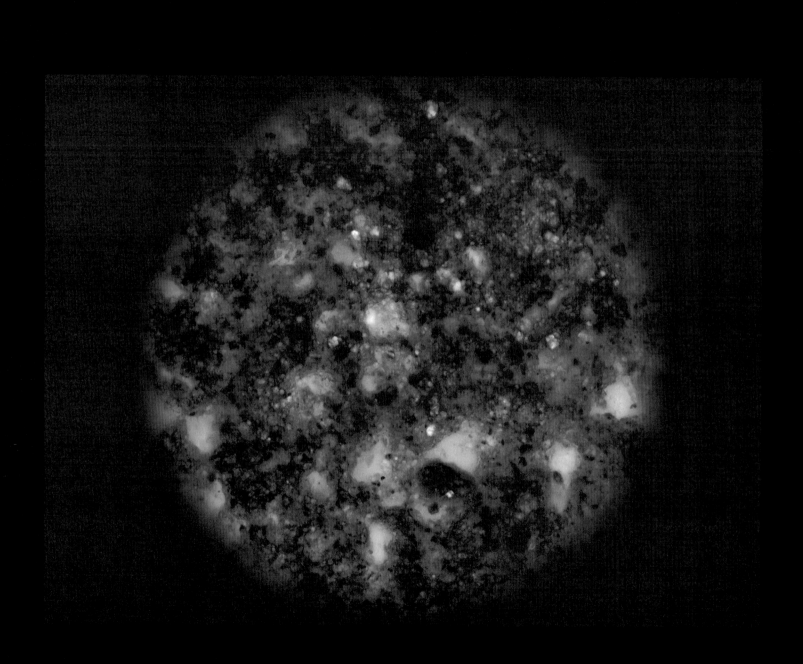

Comprendre la structure de la ganache

Lorsque les chocolatiers parlent de la ganache, ils font le plus souvent allusion au mot émulsion. Ils comparent la ganache à une mayonnaise même si cette comparaison n'est pas à propos. Bien des différences séparent la ganache de la mayonnaise à commencer par leur matière grasse. Les matières grasses de la ganache, qu'elle soit celle de la crème ou du beurre de cacao, sont des matières grasses saturées qui se cristallisent sous plusieurs formes. D'autre part, dans la ganache se trouvent des éléments en suspension que cela soit le sucre ou le cacao sec. Finalement, le sens dans lequel la ganache est réalisée est l'inverse de la mayonnaise et de toute émulsion H/E puisque l'eau (la crème) est versée sur la matière grasse (le chocolat).

Si nous souhaitons vérifier si la ganache est une émulsion, on ne peut se fier aux méthodes classiques vues précédemment qui ne respectent d'aucune façon les principes d'une émulsion.

La ganache est-elle une émulsion ?

Pour qu'il y ait émulsion, il faut que nous soyons dans le cas de liquide/liquide ou cristal liquide/liquide comme il a été énoncé dans la définition officielle de l'émulsion. Ce qui signifie que tous les triacylglycérols du chocolat et de la crème sont fondus. Pour avoir une fonte complète du chocolat, il est préférable d'atteindre les 50 °C. Pour la crème, si toutes les fractions de la matière grasse butyrique sont fondues à 40 °C (certaines références indiquent 37 °C), certaines fractions fondent bien au-delà de cette température. Cependant, comme ces fractions se dissolvent dans la matière grasse fondue, la fonte de la matière grasse butyrique peut être considérée comme complète à 37 °C (The Dairy Science and Technology eBook University of Guelph). Pour envisager une émulsion, il faut que le chocolat et la crème soient à 50 °C (pour des raisons d'hygiènes, il est préférable de porter la crème à ébullition et de la refroidir à 50 °C surtout si le contenant de crème était déjà ouvert). Nous considérons que la température des deux matières grasses devrait être la même.

Pour les fins de l'expérience, il est important de rappeler que le chocolat, c'est une dispersion de cacao sec et de sucre dans le beurre de cacao. Le beurre de cacao étant la phase continue. Quant à la crème, elle est considérée comme une émulsion H/E. La phase continue est l'eau dans laquelle sont dispersées la matière grasse butyrique et l'ESDL (l'extrait sec dégraissé lactique). L'ajout de carraghénane permet de stabiliser le produit plus particulièrement les protéines sériques.

Dans nos premières expériences sur la ganache, nous avions déterminé que la viscosité du mélange dépend du rapport eau/cacao sec. C'est à partir de ce rapport que nous avons construit notre protocole en faisant varier la quantité d'eau par rapport au cacao sec pour faire varier la consistance de la ganache afin d'analyser le comportement des différentes composantes au microscope en fonction de la fluidité du mélange. Pour ce faire, nous avons décidé de réaliser l'expérience en 4 fois. La première a été réalisée avec un chocolat ne contenant pas de sucre (pâte de cacao) et de la crème et la seconde avec un chocolat sucré (chocolat à 70 %) et de la crème. La troisième et la quatrième sont respectivement les mêmes que la première et la seconde à la différence que la crème a été remplacée par de l'eau.

Pourquoi avons-nous choisi de faire une expérience avec l'eau sachant que la ganache à l'eau n'est pas une chose commune en chocolaterie? Si nous souhaitons observer au mieux le comportement de la ganache, il est préférable de la voir sous différents angles. Dans la crème, la présence de matière grasse, qui est différente de celle du cacao et la présence de protéines, de sucre et de lactose peut altérer les résultats. Comparer la ganache à la crème et à l'eau permettrait de mettre en perspective des phénomènes qui ne pourraient se voir autrement. La matière grasse butyrique entraîne une cristallisation du beurre de cacao à une température inférieure au 32 °C à laquelle elle se produit. On appelle cela l'effet eutectique. C'est-à-dire lorsque deux matières grasses dont leur température de fonte est différente se mélangent, la température de fonte du mélange est inférieure à la température de fonte des deux matières grasses.

Caractéristiques de la pâte de cacao : 54 % de beurre de cacao, 46 % de cacao sec

Expérience pâte de cacao / eau		
PE1 61g pâte de cacao	14g d'eau	ratio eau/cacao 0.5
PE2 61g pâte de cacao	28g d'eau	ratio eau/cacao 1
PE3 61g pâte de cacao	42g d'eau	ratio eau/cacao 1.5
PE4 61g pâte de cacao	56g d'eau	ratio eau/cacao 2

Expérience pâte de cacao / crème

PC1 61g pâte de cacao	23g de crème 33%	ratio eau/cacao 0.5
PC2 61g pâte de cacao	47g de crème 33%	ratio eau/cacao 1
PC3 61g pâte de cacao	76g de crème 33%	ratio eau/cacao 1.5
PC4 61g pâte de cacao	93g de crème 33%	ratio cacao/eau 2

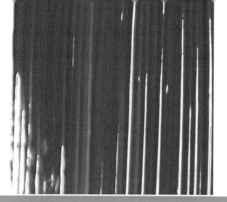

Caractéristiques du chocolat à 70 % : 42 % de beurre de cacao, 28 % de cacao sec, 30 % de sucre.

Expérience chocolat / eau			
CE1	100 chocolat 70%	14g d'eau	ratio eau/cacao 0.5
CE2	100 chocolat 70%	28g d'eau	ratio eau/cacao 1
CE3	100 chocolat 70%	42g d'eau	ratio eau/cacao 1.5
CE4	100 chocolat 70%	56g d'eau	ratio eau/cacao 2

Expérience chocolat / crème			
CC1	100 chocolat 70%	23g de crème 33%	ratio eau/cacao 0.5
CC2	100 chocolat 70%	47g de crème 33%	ratio eau/cacao 1
CC3	100 chocolat 70%	76g de crème 33%	ratio eau/cacao 1.5
CC4	100 chocolat 70%	93g de crème 33%	ratio eau/cacao 2

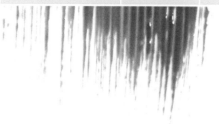

Le procédé : le chocolat est fondu à 50 °C et la crème est portée à 50 °C. Une fois, la ganache réalisée au RobotCook, elle est refroidie à 32 °C. Puis, elle est laissée pendant 24 h à température pièce (18 °C-20 °C) avant d'être analysée au microscope à 20 °C. À noter qu'il est important de compenser la perte d'eau si elle se produit. L'eau joue un rôle important dans la ganache, chaque gramme compte.

Première constatation : toutes les préparations réalisées avec la pâte de cacao que ce soit à l'eau ou à la crème se sont séparées. Les seules différences avec les préparations au chocolat à 70 % sont l'absence de sucre et la variation de la quantité de matière grasse.

L'absence de sucre serait à l'origine de ce problème. Au tout début, de notre travail sur la ganache nous avions constaté que si nous mélangions de l'eau au cacao sec nous obtenions une pâte ferme. Par contre si nous mélangions la même quantité d'eau avec du sucre et que nous l'ajoutions à la même quantité de cacao sec nous obtenions une crème.

Le sucre, comme il a été expliqué précédemment, prive l'eau d'être adsorbée par le cacao sec insoluble. Les molécules d'eau se lient aux molécules de sucre les rendant moins disponibles pour adsorber le cacao sec insoluble. En l'absence de sucre, le cacao sec insoluble adsorbe l'eau pour former une pâte compacte dans laquelle la matière grasse a du mal à se disperser faute de suffisamment d'eau. Il y a donc séparation.

Ainsi dans la pâte de cacao, faute de sucre, le cacao sec va occuper toute l'eau et priver la matière grasse de se disperser. Elle va chercher à se séparer faute de se mélanger à la pâte faite d'eau et de cacao sec. La présence de cacao sec soluble qui se comporte de la même manière que le sucre n'est pas suffisante pour empêcher ce phénomène même si la quantité de matière grasse est moindre que dans les préparations au chocolat à 70 %.

Le cacao sec a une forte capacité d'adsorber l'eau, mais il n'est pas capable de la lier. Il faut s'imaginer une piscine dans laquelle le cacao sec réussit à occuper tout l'espace et prive toute autre matière de s'y baigner tant et aussi longtemps que l'on n'a pas libéré l'eau de l'emprise du cacao sec ou que l'on n'ait pas ajouté davantage d'eau à la piscine. L'ajout de matière soluble comme le saccharose permet de libérer l'eau de l'emprise du cacao sec sans ajouter de l'eau. Si le saccharose est mis dans l'eau avant l'ajout du cacao sec, une partie ou l'entièreté de l'eau sera libérée de l'emprise du cacao sec selon la quantité de saccharose et son degré de dissolution. Si le saccharose est ajouté après, cela va prendre plus de temps, car le saccharose doit atteindre l'eau et pouvoir s'y dissoudre pour la libérer.

Pour valider notre thèse, nous avons repris l'expérience PE4 avec la pâte de cacao et l'eau et nous l'avons réalisé deux fois. Dans une des préparations, nous avons ajouté au fur et à mesure du sucre et dans l'autre de l'eau pour voir à quel moment la ganache ne se séparait plus. Nous avons pu ainsi montrer qu'il fallait un minimum de 15 g de saccharose dissous dans l'eau pour éviter la séparation et favoriser la dispersion du beurre de cacao. Le sucre étant en relation avec l'eau, il est probable, en fonction de la quantité de cacao sec présente, que la quantité de saccharose soit légèrement supérieure dans le cas où il y aurait moins d'eau que l'expérience n° 4. 15 g d'eau représentent 26 % du poids de l'eau. Pour l'eau, il faut au minimum 2,5 fois le poids de cacao sec en eau, pour qu'il n'y ait pas de séparation en l'absence de saccharose.

Notre travail nous a conduits à imaginer que le cacao sec, du fait de ces propriétés lipophiles et hydrophiles, pouvait faire la liaison entre la matière grasse et l'eau au même titre qu'un émulsifiant. Nous avons repris l'expérience PE4 et nous avons ajouté du cacao en poudre à 1 % de matière grasse pour que la quantité de cacao sec soit presque équivalente à celle de la matière grasse. Cette fois, la pâte de cacao contenant de l'eau ne s'est pas séparée. Nous avons reproduit l'opération pour PE1, PE2 et PE3 pour avoir le même résultat. Dans un pareil cas, tout laisse à penser que nous aurions inversé les phases. Le cacao sec et l'eau se seraient dispersés dans la matière grasse. Le cacao sec en adsorbant l'eau l'aurait drainée dans la matière grasse. Nous reviendrons plus en détail sur le sujet à la fin du chapitre. Ce qui

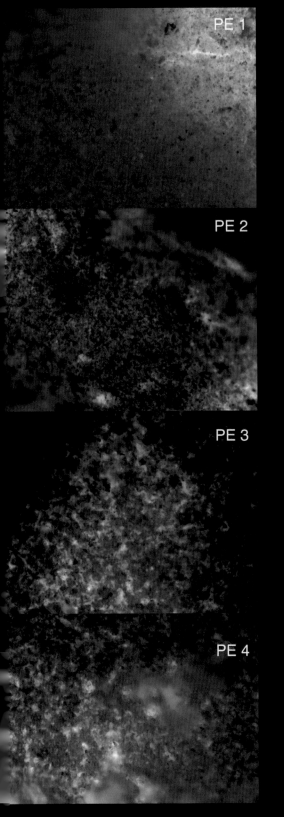

signifie que le sucre favoriserait une dispersion H/E alors qu'en absence de sucre l'eau drainerait le cacao sec du beurre de cacao pour séparer les phases. Il y aurait alors séparation. En ajoutant du cacao sec, on permet à celui-ci de prendre le dessus et drainer l'eau dans la matière grasse. Tout laisse à penser que si l'eau passe le cap de 2,5 fois le poids de cacao sec, le processus s'inverse pour obtenir une dispersion H/E.

L'image ci-contre représente les expériences PE1 à PE4. On constate bien en PE1 que nous sommes dans une émulsion E/H qui commence à se rompre. En PE2, elle est rompue. C'est le désordre. En PE3, elle tente de réorganiser en une émulsion H/E. En PE4, la distribution de la matière grasse est plus importante, sans qu'il y ait, pour autant, une émulsion H/E.

Si nous comparons avec les résultats obtenus avec l'eau et la crème avec un chocolat à 70 %, on peut être surpris qu'avec le minimum d'eau ratio eau/cacao sec 0,5 (CC11 et CE1), il n'y ait pas eu de séparation, mais que la séparation se produit lorsque le ratio eau/cacao sec est à 1 (CC2 et CE2) pour ensuite ne plus voir de séparation pour CC3, CC4, CE3 et CE4.

À la lumière de ces explications, il paraît évident que les expériences CC1 et CE1 donnent une dispersion E/H. Le sucre empêche l'eau de drainer le cacao de la matière grasse. En même temps, l'eau n'est pas en assez grande quantité pour que la dissolution du sucre soit importante et que le cacao sec adsorbe l'eau et provoque l'inversion de phases. Avec l'ajout de plus d'eau (CC2 et CE2) les phases s'inversent et la séparation se produit. Pour qu'ensuite avec CC3 et CE3 et les suivantes nous ayons une dispersion H/E.

Pâte de Cacao non sucré 61g - Eau 14g

Constatations et interprétations

Les flèches blanches montrent la migration vers l'eau. Le changement de couleur de la matière grasse montre la progression de la séparation. D'autre part, on observe aussi la migration des polysaccharides même s'ils restent encore bien présents dans la matière grasse.

Par contre, les protéines ont été plus enclines à se séparer de la matière grasse, et à se disperser.

Cela laisse à penser que le comportement des protéines et des polysaccharides n'est pas tout à fait le même en présence de l'eau. Est-ce que les protéines seraient-elles d'avantages hydrophiles et les polysaccharides d'avantages lipophiles ?

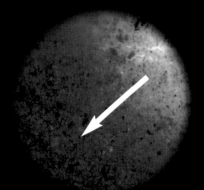

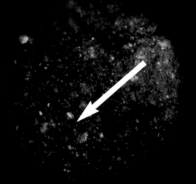

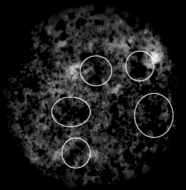

Chocolat à 70% 100g - Eau 14g

Constatations et interprétations

Cette fois, on n'a pas un tapis de couleur jaune-orangé de matière grasse et cela s'explique du fait que le sucre forme un réseau dans la matière grasse. Ce qui confirmerait qu'une part des points noirs sont des cristaux de sucre. Cependant on voit bien que là où est l'eau, elle ne forme pas de grande tache noire. La matière grasse est bien serrée. L'eau (cercle blanc) est bien en suspension dans la matière grasse.

Comme cela était expliqué précédemment l'eau en petite quantité le sucre qui s'est dissous prive les protéines d'attirer l'eau et de provoquer la séparation comme pour la pâte de cacao. On le voit bien, les protéines ne sont pas dans l'eau. Elles sont dispersées dans la matière grasse ce qui confère à la matière grasse cette couleur rougeâtre. Si certains polysaccharides se sont introduits dans l'eau, ils n'ont pas entraîné de séparation. (cercle bleu) Ce qui laisse à penser que ce serait bien les protéines par leur côte hydrophile qui favorise la séparation

113

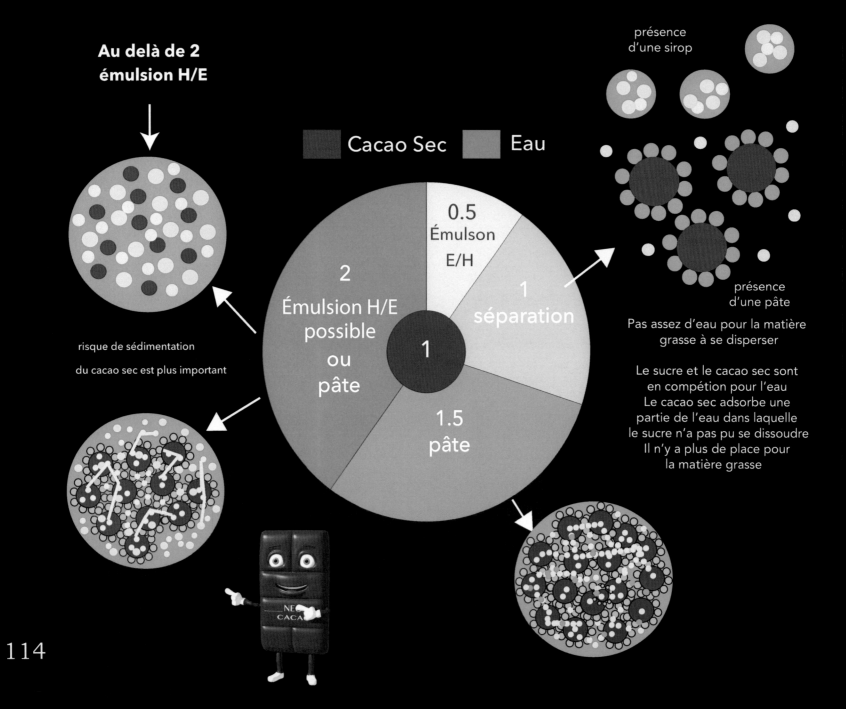

Au delà de 2 émulsion H/E

risque de sédimentation

du cacao sec est plus important

Cacao Sec   Eau

2
Émulsion H/E
possible
ou
pâte

1

0.5
Émulson
E/H

1
séparation

1.5
pâte

présence
d'une sirop

présence
d'une pâte

Pas assez d'eau pour la matière
grasse à se disperser

Le sucre et le cacao sec sont
en compétion pour l'eau
Le cacao sec adsorbe une
partie de l'eau dans laquelle
le sucre n'a pas pu se dissoudre
Il n'y a plus de place pour
la matière grasse

114

Ganache à l'eau (Mg)

Ganache à la ctème (Mg)

Ganache au sirop (Mg)

Y a-t-il une émulsion dans la ganache ?

Dans les explications précédentes, nous avons parlé de dispersion H/E pour ne pas laisser penser qu'il y aurait une émulsion. La grande question est : y a-t-il une émulsion ?

Avant d'apporter une réponse, nous allons répondre à la question que nous nous étions posée précédemment : est-ce que le mélange de différentes matières grasses aurait un impact sur la dispersion de la matière grasse ?

Pour pouvoir apporter une réponse la plus précise, nous avons comparé l'expérience CE4 (chocolat/eau) et l'expérience CC4 (chocolat/crème). Bien qu'il y ait plus de matière grasse dans la ganache à la crème l'image au microscope laisse penser le contraire. Ce que nous constatons c'est que dans la ganache à l'eau la matière grasse s'est divisée en petites particules de formes diverses tandis qu'avec la ganache à la crème la matière grasse s'est davantage étalée. Cette différence s'expliquerait qu'à 20 °C il y a davantage de matière grasse butyrique fondue et donc non cristallisé d'autant plus que le laser du microscope fait fondre en partie la matière grasse butyrique. De ce fait, il est possible qu'elle se soit mélangée au cacao sec. Quant à la ganache à l'eau tout laisse à penser que nous ne sommes pas loin d'une émulsion. Cependant si nous n'avons pas des gouttelettes, ce serait dû au fait que le cacao sec ait absorbé une partie de l'eau et qu'il se télescope avec la matière grasse en suspension dans l'eau. Précédemment, nous avons dit que le sucre prive le cacao sec d'adsorber l'eau. Nous avons donc décidé de faire une ganache à la pâte de cacao et de la réaliser avec un sirop (eau/saccharose). Cette fois, nous sommes bel et bien en présence de ce qui ressemble à une émulsion à 20 °C, température à laquelle les images au microscope sont prises, et ce, même si l'on constate certaines irrégularités des gouttelettes qui s'expliqueraient du fait que le cacao sec entrerait en contact avec la matière grasse. Cela laisse à penser qu'il est possible que du cacao sec adsorbe encore de l'eau.

115

Ordre dans laquelle la ganache Chocolat / Eau est réalisée

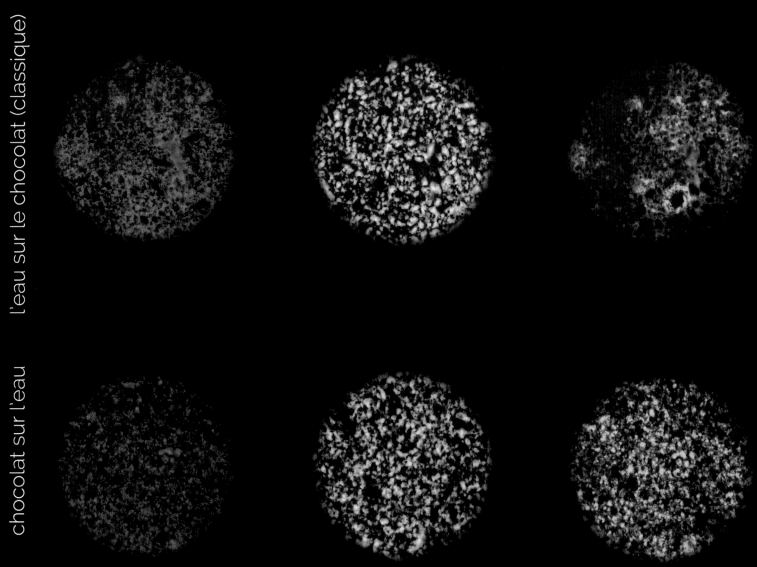

l'eau sur le chocolat (classique)

chocolat sur l'eau

116

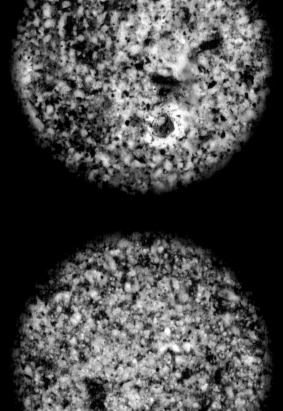

l'eau sur le chocolat (classique)

chocolat sur l'eau

Constatations et interprétations

Nous constatons une grande différence entre les deux méthodes pourtant réalisées toutes les deux au pied mélangeur. Dans la méthode chocolat sur l'eau on obtient une bien meilleure réparation de l'ensemble des ingrédients, matière grasse, protéines et polysaccharides. Les particules sont toutes comparées à la méthode classique où les protéines et les polysaccharides forment davantage un réseau et des agglomérats.

Cela signifie que lorsque le chocolat est dispersé dans l'eau cela favorise la plus grande dispersion des ingrédients qui le composent et une meilleure répartition, facilitée par la présence de la matière grasse. Dans la méthode classique, cela ne se produit pas, car on mouille avec l'eau des éléments secs qui forme une pâte qui ne peut se disperser. C'est la raison pour laquelle on voit une si grande différence pour les protéines et les polysaccharides entre les deux méthodes. Les éléments solides du cacao sec doivent être dispersés dans l'eau pour permettre la répartition et non pas mouiller le cacao sec avec l'eau comme dans la méthode classique.

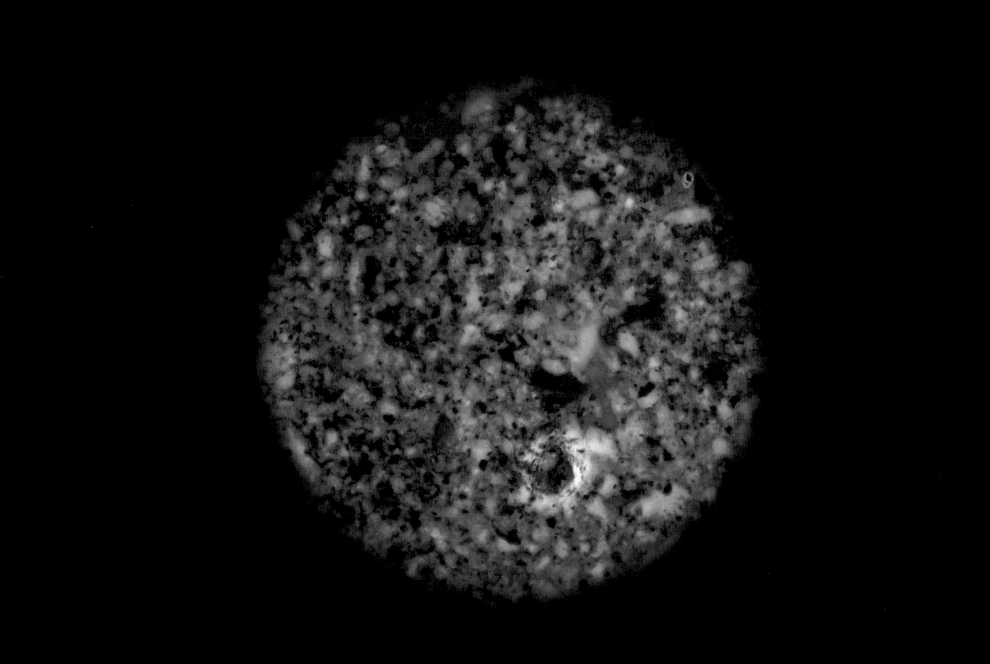

Nous ne pouvons pas considérer la ganache comme une émulsion au vu de la définition de l'émulsion qui considère que cela est une relation liquide/liquide ou cristal liquide/liquide. Cependant, le beurre laitier est considéré comme une émulsion solide. Dans ce cas, il est tout à fait possible d'envisager que la ganache soit, dans certains cas, une émulsion solide, et ce, dès que le ratio eau/cacao sec est de 2, ou supérieur à 2. Il est probable qu'au-delà du ratio 2.5, une ganache pâtissière, nous ayons toujours une émulsion. Rappelons qu'une ganache chocolatière est en dessous du ratio 2 et donc n'est pas une émulsion.

Nous constatons aussi que l'ordre dans lequel sont ajoutés les ingrédients a un rôle primordial dans la structure de la ganache qu'elle soit à l'eau ou à la crème. On constate que les ganaches réalisées à 100 °C, mais surtout à 80 °C ressemblent davantage à la ganache ou le chocolat est versé sur la crème que l'inverse.

Cependant si l'on reprend l'expérience sur l'ordre dans lequel les ingrédients sont mélangés en utilisant cette fois le chocolat et un sirop comme nous l'avions fait pour la pâte de cacao, nous ne voyons pas de différence avec l'une ou l'autre méthode. Avec le sirop, la ganache ressemble à la méthode classique avec une moins bonne dispersion

des protéines et des polysaccharides. Les protéines et les polysaccharides forment davantage d'agglomérats. Comment expliquer cette différence en présence du sucre dissous dans l'eau ? Pourquoi cela ne se produit-il pas avec le sucre présent dans le chocolat ? Dans le chocolat, le sucre présent prend du temps à se dissoudre dans l'eau et de ce fait il permet une meilleure répartition du cacao sec. Cela voudrait-il dire que le cacao sec se répartit moins bien dans un produit visqueux dont l'eau est liée ? Probablement. Nous présumons que le saccharose du sirop ne lie pas entièrement l'eau. De ce fait, le cacao sec va adsorber l'eau qui n'est pas liée et ne plus pouvoir se disperser du fait de la viscosité du mélange. Ce cacao sec qui s'est aggloméré dans l'eau aurait une incidence négative sur la conservation. La méthode classique crème sur chocolat donne une moins bonne aW que le chocolat sur la crème. Tout laisse à penser que le goût sera aussi affecté, car une meilleure répartition des éléments et de plus petites particules devaient offrir une meilleure perspective gustative.

Une bonne structure de ganache doit être une bonne répartition de la matière grasse et du cacao sec. Une bonne répartition de la matière grasse dans suffisamment d'eau donne une émulsion réussie. Une bonne réparation du cacao sec, sans agglomérats, est le résultat d'une bonne dispersion du cacao dans l'eau.

Pour quelle raison la ganache se sépare-t-elle ?

Toutes sortes d'hypothèses ont été émises à ce sujet. La responsabilité a été souvent mise sur le compte du saccharose. Cependant, les expériences décrites précédemment montrent bien que c'est le cacao sec qui favorisc la séparation des phases s'il prive l'eau d'être disponible. En effet, les ganaches réalisées avec la pâte de cacao (chocolat sans sucre) se sont toutes séparées, et ce jusqu'à ce que la quantité d'eau soit 2,5 fois supérieure au cacao sec. Paradoxalement, ce même cacao sec à l'origine de la séparation peut la prévenir s'il est en quantité presque égale ou supérieure au beurre de cacao.

Quel phénomène se produit-il ?

Dans le chocolat, le cacao sec et le sucre sont dispersés dans la matière grasse. On est dans une dispersion (cacao sec + sucre)/H ou (cacao sec)/H dans le cas de la pâte de cacao. Lorsqu'on ajoute de l'eau deux cas de figure peuvent se produire selon si l'on est en présence de chocolat ou de pâte de cacao.

Dans le cas de la pâte de cacao, le cacao sec va chercher à quitter la matière grasse pour aller vers l'eau drainant avec lui la matière grasse. Ce changement de phase va chercher à entraîner une dispersion du cacao sec et du beurre de cacao dans l'eau. Cependant tant que l'eau n'est pas en quantité suffisante, le cacao sec provoque une saturation de l'eau qui prive, du moins partiellement, le beurre de cacao de se disperser. Le beurre de cacao devient instable et cherche à se séparer du mélange. Cependant si la quantité de cacao sec est aussi importante ou

Expérience avec le sirop

Chocolat et sirop eau 28g ratio 1

Pâte de cacao et sirop – eau 28g ratio 1

Constatations et interprétations

Malgré des mélanges déstructurés, les ganaches ne sont pas séparées. Le sirop de sucre a permis d'éviter la séparation en empêchant le cacao sec d'adsorber l'eau. Ce qui confirme bien que c'est le cacao sec qui provoque la séparation dès que la quantité d'eau atteint un certain seuil. Dans le cas présent, le changement de phase se produit dans le sirop sans qu'il y ait de séparation. Dans la pâte de cacao, on voit même que la viscosité du mélange a permis de faire entrer de l'air (cercle noir) malgré la faible quantité d'eau. Dans le chocolat, le sucre présent a déjà découpé la matière grasse et le cacao sec en plus petites particules ce qui fait que le mélange paraît moins déstructuré. Cela confirme bien que le sucre ferait un réseau dans le chocolat et favoriserait sa dispersion.

supérieure au beurre de cacao, cela provoque une nouvelle inversion des phases et stabilise le mélange. Cette fois, c'est le cacao sec qui draine l'eau dans l'huile. Le cacao sec et l'eau sont dispersés dans le beurre de cacao. (cacao sec + eau)/H.

Dans le cas du chocolat, tant que la quantité d'eau est inférieure au ratio eau/cacao sec de 0,5, il n'y a pas inversion des phases (cacao sec + eau)/H. L'eau reste stable du fait que le sucre s'y est dissous privant en grande partie l'eau d'adsorber le cacao sec. Dès que la quantité d'eau entraîne une augmentation de ce ratio, il y a une inversion des phases. Le cacao sec et le sucre entrent en compétition. Le sucre a de la difficulté à s'y dissoudre entièrement ce qui permet comme précédemment au cacao sec d'aller vers l'eau entraînant l'inversion des phases. Il faut que le ratio eau/cacao sec soit d'au moins 1.5-1.6 pour que le mélange se stabilise et nous ayons une dispersion de cacao sec, de sucre et d'huile dans l'eau (cacao sec + sucre + huile)/eau.

Avec la crème, l'apport de matière grasse ne va pas modifier le mélange pourvu que le ratio eau/cacao sec reste le même. Lorsqu'on parle d'eau dans ce cas, c'est l'eau de la crème.

Le saccharose joue le rôle de stabilisateur s'il est suffisamment dissous dans l'eau. Son rôle de stabilisateur est déjà connu dans les émulsions.

Pour vérifier le rôle de stabilisateur du saccharose, nous avons repris l'expérience PE1, PE2, PE3, PE4 en remplaçant l'eau par un sirop de saccharose. Le saccharose est dans la même proportion que l'eau. En présence du sirop, les

123

Expérience pâte de cacao / sirop			
PSE1	61g pâte de cacao	14g d'eau - 14g saccharose	ratio eau/cacao 0.5
PSE2	61g pâte de cacao	28g d'eau - 28g saccharose	ratio eau/cacao 1
PSE3	61g pâte de cacao	42g d'eau - 42g saccharose	ratio eau/cacao 1.5
PSE4	61g pâte de cacao	56g d'eau - 56g saccharose	ratio eau/cacao 2

expériences PE1, PE2, PE3, PE4 qui avaient toute tendance à séparer sont restées stables.

Voyant la réussite de cette expérience nous avons souhaité de reproduire l'expérience avec le chocolat avec un ratio eau/cacao sec de 1, ratio à laquelle la ganache se sépare. Nous avons réalisé l'expérience CE2 avec un sirop à la place de l'eau. Cette fois, la ganache ne s'est pas séparé ce qui confirme que le saccharose dissous dans l'eau a eu un effet positif.

Le sucre dans le chocolat se dissout plus lentement, ce qui nous laisse à penser qu'il ne se dissoudrait pas entièrement, et ce en fonction de la quantité d'eau.

Ces expériences montrent bien le rôle du saccharose comme stabilisateur. En plus, il évite la séparation des phases.

Conclusion

Ganache

- Pâte et/ou émulsion selon la quantité d'eau

- Cacao sec et sucre sont en compétition pour l'eau

- Le saccharose favorise la division de la matière grasse en plus petites particules

- Le saccharose joue un rôle de stabilisateur. Sous forme de sirop, il empêche la ganache de trancher.

- L'ordre des ingrédients de la ganache peut influencer la structure de celle-ci

la ganache est une structure complexe qui peut prendre différentes formes soit une pâte ou une émulsion en fonction de la quantité d'eau présente. Nous irions jusqu'à dire qu'elle peut être une pâte et une émulsion au même titre que certains pâtisserie comme la brioche. Toutes les deux on des matières sèches dont le rôle est crucial, toutes les deux contiennent du sucre qui influence la structure de la pâte et toutes les deux contiennent de la matière grasse qui peut se séparer si elle n'est pas émulsionné.

La ganache est une dispersion de matière grasse, de glucides et de protéines dans de l'eau.

Le cacao sec du chocolat est en compétition avec le sucre. Si le sucre se dissout dans l'eau, il permet de priver la cacao sec d'adsorber l'eau. Si le cacao sec a déjà adsorber l'eau, le sucre peut réussir à faire que l'eau se détache du cacao sec, s'il réussit à se dissoudre dans l'eau. Le sucre est prisonnier de la matière grasse et au fur à mesure qu'il se dissout et que si l'eau est plus importante la matière grasse se divise en plus petite particule. Ainsi lorsqu'on réalise une ganache avec un chocolat et un sirop et que le ratio eau/cacao sec est de 2, la matière grassse ressemble à des centaines de petits points. Ce qui signifie que le saccharose favorise la division de la matière grasse mais probablement des autres éléments secs présents dans la ganache. Le sucre joue un rôle de stabilisateur de l'émulsion ce qui est connu dans le monde scientifique.

De plus l'ordre des ingrédients peut influencer le devenir de la ganache.

Les notions de conservation

La conservation de la ganache est une notion en apparence simple, mais qui est bien plus complexe qu'il ne le paraît. Malheureusement, elle est sous-estimée par les chocolatiers qui se réfèrent le plus souvent à des outils informatiques pour la déterminer ou à des recettes fournies par les producteurs de chocolats ou par des références du métier. Bien souvent, le chocolatier modifie la recette sans penser que ce n'est pas seulement l'ajout des sucres qui suffit à maintenir la conservation de la ganache. Même si la ganache n'a pas provoqué à ce jour d'intoxications alimentaires ou qu'elles n'ont pas été déclarées, elle reste un produit sensible à l'environnement et sa détérioration n'est pas uniquement en relation avec la salubrité du produit, mais aussi avec la qualité du produit à commencer par le goût. De nos jours, beaucoup de chocolatiers souhaiteraient avoir des chocolats de longue conservation. Cependant, nous pensons que c'est une très mauvaise idée, car l'artisanat n'a pas toujours la structure nécessaire à maintenir un produit de qualité sur un long terme et qu'il est préférable de renouveler ses bonbons de chocolats le plus souvent pour offrir un produit de qualité supérieure. La congélation est une méthode que certains choisissent pour la stabilité du produit et sa longue conservation pourvu que le processus ait été réalisé de manière adéquate. Les bonbons de chocolat doivent être emballés de façon appropriée et mis en enceinte réfrigérée à une température inférieure ou égale à -18 °C (préférence d'être en dessous de -18 °C). Reste que la maîtrise de la remise à température si elle n'est pas bien effectuée peut entraîner une détérioration du produit et raccourcir d'autant sa durée de vie. Les bonbons passés par congélation doivent de préférence séjourner à 4 °C une journée avant d'être mis dans une chambre à température contrôlée entre 15 °C et 18 °C. Il est important de rappeler que les micro-organismes, qui pourraient être présents dans la ganache vont se réveiller et se réactiver. Selon la législation française, ces chocolats passés par le froid négatif n'ont pas besoin de voir inscrite la mention décongelée du fait que le produit ne subit pas de modifications au cours de cette période. Quant à la conservation à température ambiante, elle doit se faire de préférence dans des enceintes adaptées à des températures comprises entre 15 °C et 18 °C. Il serait possible que les bonbons de chocolats soient maintenus à des températures plus basses pour améliorer la conservation. Cependant, la température n'est pas suffisante, si l'humidité n'est pas maintenue à un taux de 50 % - 70 %. L'avantage d'une enceinte réfrigérée adaptée et qu'elle permet de maintenir le chocolat à l'abri de la lumière et de l'air et de préserver le chocolat dans un environnement stable.

Principe de la conservation des ganaches

La science de la conservation des produits alimentaires est complexe, mais pour autant essentielle à comprendre d'autant plus si l'on souhaite prolonger la durée de vie de nos produits.

Ce qu'il faut savoir c'est qu'il existe différents types de micro-organismes qui peuvent contaminer un produit alimentaire.

Les bactéries

Les levures

Les moisissures qui sont des champignons microscopiques.

Ces micro-organismes vont se comporter de manière différente en fonction du milieu dans lequel ils évoluent. Le plus généralement à 60 °C les micro-organismes ne devraient pas résister, et ce en fonction de la durée à laquelle la préparation est maintenue à 60 °C. Le couple temps/température est un facteur important.

Cependant, toutes les préparations ne subissent pas un traitement thermique dans ce cas la quantité d'eau libre, l'acidité du milieu, la température de conservation, l'emballage, etc. vont avoir une influence sur ces micro-organismes.

Les micro-organismes pour se développer ont besoin d'eau. Plus cette eau dans le produit est libre, plus elle favorise le développement des micro-organismes. Pour ce faire, on cherche à lier l'eau pour limiter leur développement. Pour lier cette eau, on utilise des humectants, des produits solubles dans l'eau dont leurs molécules se lient à ceux de l'eau. Leur capacité de liaison est en relation avec leur poids moléculaire. Plus le poids moléculaire est bas, plus l'humectant pourra lier l'eau. Ainsi le dextrose liera davantage l'eau que le saccharose et le glycérol liera l'eau davantage que le dextrose. L'activité de l'eau mesure cette eau liée. Plus l'eau est liée, plus l'aW sera basse. Cette notion d'activité de l'eau, tous les chocolatiers en ont déjà entendu parler. Souvent, en Europe c'est le terme l'humidité relative d'équilibre (HRE) qui est utilisé. En réalité, ces deux notions sont identiques. L'humidité relative d'équilibre est l'activité de l'eau multipliée par 100.

D'autre part, il existe un échange entre un produit alimentaire et son environnement qui influence l'eau libre, celle qui n'est pas liée. Cette eau libre peut se voir varier à la hausse ou à la baisse et faire fluctuer l'aW.

Pour bien saisir ces phénomènes, il est nécessaire de comprendre certains principes propres à la météorologie. Cependant, ce n'est pas vers un livre de science que nous nous sommes orienté, mais un livre consacré à la conservation des œuvres d'art dans les musées. En effet, la notion d'humidité relative s'applique aussi aux matériaux.

La notion d'humidité relative

Lorsqu'on parle d'humidité, on a recours à la notion d'humidité relative (HR), que l'on définit comme la quantité de vapeur d'eau contenue dans un volume d'air donné par rapport au maximum qu'il pourrait contenir à une température et une pression données.

L'humidité relative va de 0 à 100 %. L'air est sec quand l'humidité relative est inférieure à 35 %. L'air est moyennement humide entre 35 et 65 %, et l'air est humide à plus de 65 % d'humidité relative. À l'intérieur d'un même espace, l'HR varie en fonction des changements de température : elle augmente si la température baisse et diminue si elle s'élève.

... Les matériaux organiques, d'origine végétale ou animale, comme le bois, le cuir, l'ivoire et les textiles, absorbent l'humidité de l'air lorsqu'elle augmente et en relâchent lorsqu'elle diminue. Les matériaux organiques cherchent à atteindre un équilibre hygroscopique avec leur milieu. C'est ce qui explique que le tiroir qui se coinçait en été glisse à nouveau facilement en hiver.

(Référence : La conservation préventive dans les musées - manuel d'accompagnement/ Colette Naud.)

Le bonbon de chocolat peut être considéré comme un petit univers qui échange de l'humidité avec l'environnement extérieur. Ainsi, si l'humidité relative (HR) de l'environnement est plus élevée que l'humidité relative d'équilibre (aW) du bonbon, le bonbon de chocolat va gagner en humidité (adsorption) et l'humidité relative d'équilibre (aW) du bonbon va avoir tendance à augmenter. Inversement si l'humidité relative d'équilibre (aW) du bonbon du chocolat est plus basse que l'humidité relative de l'environnement, le bonbon au chocolat va avoir tendance à perdre de l'humidité qui est dégagée (désorption) dans l'environnement. Lorsqu'on parle de teneur en eau d'équilibre du produit, c'est lorsque le bonbon au chocolat ne prend ni rejette de l'humidité. Il est arrivé au point d'équilibre. Ce point d'équilibre peut prendre plusieurs jours voire des semaines avant d'être atteint. Ce qui signifie chaque fois que le bonbon de chocolat est déplacé dans un environnement qui est différent duquel il s'est acclimaté, son aW va à nouveau subir des changements jusqu'à retrouver sa teneur en eau d'équilibre et de ce fait sa teneur en humidité relative d'équilibre (HRE) va s'ajuster. C'est donc important que les variations entre la chambre de conservation et la vitrine ne soient pas importantes. Il serait préférable que les conditions atmosphériques soient identiques sachant très bien que la vitrine est plus sujette au changement de température et donc aux variations d'humidité d'autant plus si ce sont des vitrines de présentation ouvertes.

Ces échanges entre le bonbon du chocolat et son environnement vont affecter le bonbon du chocolat entre autres la ganache, même si le chocolat agit comme protecteur. N'oublions pas que la coque de chocolat est aussi dans une relation d'échange avec son environnement. D'ailleurs, le chocolat prend entre 40 jours et 60 jours pour atteindre sa teneur en eau relative d'équilibre selon les dernières recherches alors que les précédentes l'estimaient à 14 jours.

D'autres phénomènes peuvent faire fluctuer la ganache comme la cristallisation du sucre. Plus il y a d'eau, plus le sucre se cristallise, plus l'aW augmente. De la même manière plus la température augmente, plus l'aW augmente.

Vous comprenez à présent que si ces échanges entre l'environnement et la ganache sont importants ou mal contrôlés cela entraîne les défauts des bonbons au chocolat que l'on connaît.

De nos jours, les chocolatiers créent des bonbons de chocolat plus complexe qui ne s'en tiennent pas à une préparation de ganache, mais à plusieurs couches qui peuvent être de la gelée, du praliné ou de la ganache. Dans ce cas, il faut que chacune des couches ait une aW similaire ou qu'il y ait un certain équilibre entre l'humidité relative de l'environnement et l'aW des différentes composantes. Autrement, l'humidité va avoir tendance à migrer d'une couche à l'autre et nuire à la conservation du bonbon. Ainsi si le bonbon au chocolat contenait de la pâte sablée dont l'aW est très bas, la ganache ferait migrer son humidité vers le sablé le rendant mou et le sablé adsorberait l'humidité de la ganache qui s'assécherait.

D'autres changements se produisent lors de la conservation des bonbons de chocolats à commencer par le goût et la texture.

Le bonbon de chocolat peut développer un arrière-goût désagréable ou un goût rance. Dans un cas, cela peut être dû à l'oxydation d'arômes ajoutés particulièrement les huiles essentielles. Dans l'autre cas, c'est souvent dû à l'oxydation des matières grasses polyinsaturées. Dans le cas des matières grasses saturées, on parle de rancissement hydrolytique dû à des enzymes. Cela est plus rare. Généralement est la conséquence d'un défaut de la matière première.

Quelles que soient les circonstances, le bonbon de chocolat va connaître une perte de la saveur sur la durée d'autant plus si la température est élevée. Une fois encore cela plaide pour une conservation de plus courte durée.

Pour ce qui est de la texture, le problème est dû à l'échange d'humidité entre le chocolat et son environnement même si la coque en chocolat agit comme une certaine protection. Il est donc important que l'enrobage ou le moulage soit parfaitement exécuté pour ne pas accélérer cet échange qui nuirait au bonbon.

Au cours de la conservation, le chocolat peut perdre de sa couleur et de sa brillance. Les différentes causes sont la matière première, le procédé de fabrication, et l'effet de bloom dû entre autres au transfert de la matière grasse de la ganache vers le chocolat particulièrement si de la matière grasse polyinsaturée a été ajoutée par exemple la présence de praliné. Cependant, cela se produit généralement à des températures plus élevées que 18 °C, température à laquelle les bonbons sont entreposés.

le PH

Le pH (potentiel hydrogène) est une mesure utile pour évaluer la conservation. Il permet de déterminer si une solution est acide ou basique. Un pH de 0 à 7, la solution est acide et de 7 à 14, la solution est basique. Un pH de 7 est jugé comme neutre. Les micro-organismes sont sensibles au pH. La plupart arrêtent de se développer à pH 5. Cependant, certains micro-organismes sont capables de continuer à se développer à pH 4,2 voire 4. La listeria ou les salmonelles peuvent être actives à des pH< 4,6. Dans le cas de produit de conserves, le pH doit être inférieur à 4,6. Cela permet d'empêcher le développement de la bactérie, vecteur du botulisme, le clostridium botulinum. Il est important de noter que la structure même des acides va influencer le développement des micro-organismes. De ce fait, il ne suffit pas d'un pH bas, le type d'acide aura aussi une influence.

L'utilisation d'additifs contribue à l'amélioration de la conservation. Certains additifs, comme le sorbate de potassium ou l'acide sorbique, permettent d'empêcher le développement des moisissures et des levures. Ces additifs sont considérés comme les plus surs pour la santé.

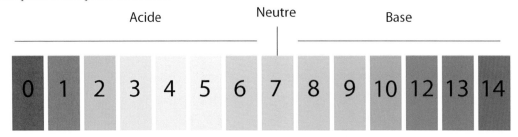

Comment assurer la conservation d'un produit?

Pour assurer une bonne conservation du produit, la technologie combinée de conservation est la meilleure approche. Le terme anglais est d'ailleurs plus appropriée « hurdle technology ». Hurdle signifie obstacle. En effet, il faut mettre différents obstacles aux micro-organismes pour les empêcher de proliférer. En fait, une mesure ne suffit généralement pas à assurer la conservation d'un produit. C'est une combinaison de décisions qui va permettre d'assurer la sécurité de l'aliment. Il faut savoir que les micro-organismes sont susceptibles à de nombreux phénomènes liés à l'environnement dans lequel ils se développent.

Comment fonctionne cette technologie combinée de conservation ? Pour un produit type, il faut déterminer les mesures qui seront importantes à tenir compte en fonction si le produit connaît un traitement thermique ou pas, s'il est conservé à température ambiante ou s'il est réfrigéré, de la manière, dont il est emballé ou conservé, etc. Prenons un exemple. Un produit avec une aW élevée (0,95) nécessitera d'un pH bas pour assurer sa conservation, et ce, à condition que le produit soit mis dans un pot hermétique ou il n'y a pas de présence d'air pour qu'il n'y ait pas le développement de certaines moisissures qui pourraient affecter le pH, et rendre la préparation moins acide et favoriser le développement de bactéries vu que l'aW est élevé.

Quand est-il dans le cas des bonbons de chocolat?

La problématique dans les bonbons de chocolat est la ganache du fait que c'est un produit qui est plus ou moins humide et qui est conservé à une température ambiante, en plus être souvent manipulé du moins jusqu'au moment de sa conservation. De plus, le chocolat ajouté à la ganache n'a pas subi de traitement thermique puisqu'il est fondu à une température inférieure à 60 °C.

Quels sont les risques bactériologiques ?

Les bactéries qui pourraient affecter la ganache sont principalement de deux types : la salmonelle et le staphylococcus aureus.

Aux États unis, le chocolat a connu plusieurs épisodes de contamination à la salmonelle. Même si cela est rare, ce n'est pas pour autant qu'il faut négliger ce risque. Cependant, beaucoup de fournisseurs de chocolat font tester leur produit avant la mise en vente pour les chocolatiers ce qui réduit considérablement les risques. Il est important d'avoir toujours accès à la fiche des analyses effectuées sur le produit. À une époque où le « bean to bar » a pris un essor, cela exige plus encore d'être vigilant.

Quant au staphylococcus aureus, il appartient à une plus grande famille les entérotoxines staphylococciques qui sont à la source des plus fréquentes intoxications alimentaires à travers le monde. La source de cette bactérie est l'être humain qui peut être un porteur sain ou même l'environnement. Il est donc important que des règles très strictes au niveau de l'hygiène soient prises d'autant que le chocolatier manipule souvent sa ganache et ses bonbons de chocolat. Voici les recommandations de l'ANSES France (Agence nationale de sécurité sanitaire de l'alimentation, de l'environnement et du travail).

• Le nettoyage et la désinfection du matériel et des locaux doivent être particulièrement précautionneux, compte tenu de la forte adhésion des staphylocoques aux surfaces.

• Pour tenir compte du fait que de très nombreux opérateurs sont des porteurs sains, le nettoyage et la désinfection des mains et le port d'une coiffe enveloppant entièrement la chevelure sont des bonnes pratiques d'hygiène (BPH) essentielles à respecter.

• En outre, les manipulateurs de denrées alimentaires présentant des lésions cutanées doivent être exclus de la manipulation des denrées non conditionnées et/ou emballées, tant que les lésions ne sont pas correctement couvertes (port de gants). De même, tout symptôme de type rhino-pharyngé doit inciter au port du masque. Eu égard à la forte proportion de porteurs sains, et au fait que le portage n'est pas constant chez la plupart des individus, le dépistage de S.aureus lors des visites médicales n'est pas utile. La prévention des contaminations consiste en l'application rigoureuse des BPH rappelées ci-dessus.

Si la plupart des bactéries est inhibée en dessous d'une aW de 0,9, il est nécessaire d'avoir une aW en dessous 0,85 pour le staphylococcus aureus. Cependant, le staphylococcus aureus peut croître au-dessus de 0,83, mais ne produira des entérotoxines qu'à partir d'une aW de 0,87. Cette bactérie s'adapte à différents milieux et pose de véritables problèmes si elle venait à contaminer la ganache. Quant à la salmonelle, il faut être prudent, car il a été vu des salmonelles résister à des aW très bas et même dans le chocolat comme cela s'est produit dans les années 1970 aux États-Unis. Cependant, cela reste des cas plutôt rares.

Moisissure de la famille des Penicilliums.

Il est important de comprendre que selon les bactéries, elles ont des températures minimums, maximums et optimums auxquelles elles prolifèrent. En fonction de ces températures, elles peuvent se développer très lentement ou très rapidement. Il existe des bactéries, dont les températures optimums se situent entre 12 °C et 15°C, mais on ne devrait pas les trouver dans l'environnement d'une chocolaterie. D'autre part, selon les bactéries certaines préfèrent se développer en présence ou en absence d'oxygène. Les bactéries sont aussi sensibles au milieu acide.

Le pH peut être une protection supplémentaire pour freiner davantage la croissance des bactéries. Dans le cas de la ganache, cela n'apporterait pas plus que ce qu'apporte déjà l'aW. Qui est plus est, une acidité importante pourrait nuire à l'expression des saveurs du chocolat.

Quels sont les risques quant aux moisissures et aux levures ?

Une étude intéressante a analysé les champignons et les levures dans le chocolat de la ferme à la barre de chocolat (Mycobiota of cocoa: From farm to chocolateMarina V. Copettia,*, Beatriz T. Iamanakaa, Jens C. Frisvadb, José L. Pereirac, Marta H. Taniwaki). On y apprend que parmi les échantillons prélevés, entre le séchage et le stockage, on y a trouvé un total de 1132 champignons potentiellement toxigènes. C'est-à-dire des champignons qui peuvent générer des toxines. Rassurez-vous. Aucun champignon n'a été retrouvé dans les produits finis comme la tablette de chocolat dû aux traitements auxquels est soumis le chocolat. Par contre, on pourrait en trouver dans le beurre de cacao, la poudre de cacao ou encore la pâte de cacao, mais cela reste très marginal. De plus, les producteurs de chocolat s'assurent d'effectuer des analyses pour offrir un produit sain aux chocolatiers. Néanmoins, les analyses microbiologiques des chocolats montrent qu'il peut exister des traces de moisissures, de levures ou même de coliformes.

L'environnement est donc la source principale de contamination en moisissure et en levure. Il faut donc être vigilant. Le principal problème des moisissures est qu'ils forment des mycotoxines qui sont dangereuses pour la santé à court terme comme à long terme. Les moisissures et les levures peuvent être présentes même dans des produits riches en sucre ou pauvres en humidité ou acide. La meilleure façon de prévenir leur contamination c'est par une bonne hygiène de fabrication et dans une certaine mesure par renouveler l'air ambiant ce qui est plus difficile en artisanat. Il est donc très important d'apporter une attention particulière au type de climatiseur installé dans vos laboratoires. Attention pour ceux qui font de la chocolaterie dans le même environnement dans lequel ils réalisent leur pâtisserie, plus encore s'il y a de la farine et la préparation de produits à base de levure.

En général, la plupart des levures sont inhibées en dessous d'une aW de 0,88 et pour les moisissures en dessous d'une aW de 0,80. Cependant, il existe des levures et des moisissures qui peuvent se développer en deçà de ses valeurs. Il suffit de penser aux levures osmophiles qui se développent dans des milieux très sucrés ou en des moisissures xérophiles qui se développent dans des milieux secs.

Constatations et recommandations

Nous constatons que notre ganache avec une aW inférieure à 0,85 ne posera pas de problème d'un point de vue bactériologique. Cependant, cela ne signifie pas qu'il ne faut pas être vigilant sur la qualité de nos matières premières. Le chocolatier doit s'assurer d'avoir des produits de base sains. Il est recommandé de faire analyser ses matières premières si le fournisseur ne peut vous fournir des fiches sur les produits mis en œuvre dans la confection de vos bondons de chocolat. En effet, si vous avez acheté vos propres fèves de cacao ou si votre matière première vient de microartisans qui ne peuvent vous fournir une analyse de leur produit, il est fortement conseillé de les faire analyser. Il faut être très vigilant avec les fruits séchés ainsi que les fruits secs qui peuvent être à l'origine de la contamination du produit final. Ces produits peuvent être contaminés par des levures et contenir des mycotoxines.

Quant aux levures et aux moisissures, personne ne peut y échapper. C'est le problème que doivent gérer autant les industriels que les artisans. Néanmoins, si les précautions d'usage sont prises, que l'environnement de travail est sain, les risques de contamination sont faibles d'autant plus si l'aW est en dessous de 0,80. Il faut tout de même rester à l'affût, car ce sont des nuisibles versatiles. Rappelons-nous que certaines moisissures peuvent produire des toxines.

La température joue un rôle important dans la conservation de la ganache. Le maintien d'une température basse soit environ 16° est préférable. Attention de ne pas avoir des températures trop basses, cela pourrait favoriser la condensation et influence l'humidité relative. L'humidité relative à laquelle les bonbons de chocolat sont conservés ne doit pas être inférieure à l'humidité relative d'équilibre (aW) de la ganache.

Si d'un point de vue des micro-organismes nous avons stabilisé la situation, reste à maintenir la qualité des bonbons de chocolat tout au long de la conservation.

Le principal problème est l'échange d'humidité entre le bonbon et le chocolat. L'humidité relative étant supérieure c'est le bonbon de chocolat qui va perdre de l'humidité ce qui aura de l'impact sur sa qualité ce qui pourrait entraîner un assèchement de la ganache sur le long terme et une détérioration du bonbon de chocolat. En industrie, on calcule l'isotherme d'absorption qui permet de trouver l'aW d'équilibre en fonction de l'humidité relative dans laquelle la ganache est conservée.

D'autre part, il est important d'avoir un environnement adapté qui garantit les conditions optimales pour éviter la contamination des produits. En artisanat, le produit n'est souvent pas emballé après sa fabrication, il est donc impératif de faire des comparaisons de températures et d'hygrométrie entre sa vitrine de présentation et son lieu de stockage. En effet s'il venait que la température de la vitrine soit plus élevée, l'aW pourrait augmenter.

Ce qui est important et ce que les chocolatiers ne font pas souvent c'est de mener des expériences pour déterminer les conditions idéales de conservation et d'ajuster en fonction leur aW. C'est ainsi que l'on arrive à déterminer au plus juste la durée de conservation de son produit.

La formule clef de la ganache

aW < 0,80 — une conservation à 16 °C —une humidité 65 %

Dans le cas de ganache supérieure à 0,85, le sorbate de potassium peut apporter une protection puisqu'il inhibe la croissance du staphylococcus aureus. Il est efficace que si le pH est en dessous de 6,5. Cependant plus le produit est acide, plus le sorbate de potassium est efficace. Sa capacité antimicrobienne est 26 % inférieure à l'acide sorbique. Dans le cas où l'on souhaiterait avoir une durée de conservation de longue durée avec une aW < 0,85, le sorbate est une solution qui peut être considérée, car il agit contre les levures et les moisissures.

Dosage du sorbate de potassium : 0,025 % à 0,1 %.

Conclusion

De nos jours, l'artisanat a tendance à vouloir renouer avec un passé révolu dont l'image est associée à un temps où il faisait bon vivre et où les produits étaient de qualités. Ce n'est qu'une image que se font les contemporains d'un passé qu'ils croient connaître. Cette vision conduit à des idées qui parfois défie la logique est le bon sens comme si des herbes du jardin familial ou les produits bio seraient exempts de micro-organismes. Il est important de faire la part des choses et ne pas voir le passé comme un idéal et le présent comme une abomination. Rappelons-nous qu'hier les pratiques n'étaient pas meilleures qu'aujourd'hui et que certains produits que l'on associe à la nature peuvent être aussi dangereux que des produits dits synthétiques.

La nouvelle la ganache

À présent que nous avons compris parfaitement la structure de la ganache et que nous savons les raisons de ces échecs comment pouvons-nous imaginer la ganache de demain?

Nous sommes conscients que toute nouveauté suscite une certaine appréhension des chocolatiers et des pâtissiers pris dans leurs habitudes. Pourtant, le secret d'un bon produit n'est pas uniquement le fruit de bons ingrédients. Le succès prend vie avec une structure particulière qui va donner une texture spécifique et cette texture va influencer le goût. Donc, une nouvelle ganache est loin d'être une fantaisie, mais un outil pour développer toujours de meilleurs produits. D'ailleurs, cette nouvelle ganache est une interprétation de l'étude que nous avons menée.

À quoi doit ressembler la ganache de demain?

La ganache de demain doit permettre au chocolat d'exprimer toute la richesse de ses saveurs. Ainsi la ganache du chocolatier doit donner l'impression d'être à la fois aussi puissante qu'une tablette de chocolat, mais tout en apportant du moelleux et du fondant. Cette même ganache doit pouvoir se décliner en crème mousse et glace pour offrir aux pâtissiers des produits plus riches en chocolat et agréable à déguster. De plus, la ganache doit être moins sucrée et moins grasse. Bien souvent, les produits de pâtisserie sont riches pour ne pas dire gras et sucrés. Même si un travail a été entrepris par certains professionnels pour les alléger. Cependant, si la matière grasse est pour beaucoup ce qui sublime les pâtisseries, il est faux de penser qu'en abaissant sa quantité cela entraîne une diminution de la qualité. Aujourd'hui, la science démontre que le goût est une chose bien complexe et plus subtile qu'il paraît et que chaque individu a sa propre palette de saveur même s'il existe des harmonies qui permettent aux produits de rencontrer une certaine universalité. Cette harmonie est la résultante d'une structure et d'une texture qui, s'ils sont bien équilibrés, peuvent apporter toute la richesse recherchée, et ce, sans avoir un produit ni trop gras ni trop sucré et sans faire appel à une pléthore d'additifs. Aujourd'hui, certaines fécules de riz permettent de mettre en valeur les produits en leur apportant un moelleux et une longueur en bouche qu'il est parfois même difficile d'obtenir autrement. Les techniques de confection vont, elles aussi, influencer la perception des saveurs en modifiant les textures. C'est la raison pour laquelle comme nous l'avons expliqué précédemment modifier l'ordre d'incorporation des ingrédients de la ganache va avoir une incidence sur le devenir de celle-ci.

À partir de ces réflexions, nous avons pensé la ganache de demain

La ganache de demain

Actuellement, les chocolats de couvertures sont des chocolats sucrés avec une riche saveur aromatique. Ce chocolat entre dans la confection de la ganache avec la crème et l'ajout de nombreux sucres pour abaisser l'activité de l'eau. Il est important de rappeler que les chocolats fourrés sont appelés des bonbons au chocolat, car cela reste des produits sucrés. La quantité de sucre est reliée à la conservation. De ce fait, plus l'on cherche à conserver le bonbon, plus le produit devient un produit sucré. De ce fait, c'est une confiserie qu'un chocolat fourré. Sans vouloir faire de la sémantique, le fait d'utiliser le terme bonbon de chocolat laisse déjà présager une quantité importante de sucre. Notre objectif est de ne pas dépasser la teneur en sucre d'un chocolat à 64 %. Certains chocolatiers se fient au pouvoir sucrant. En effet, certains sucres apportent une saveur plus ou moins sucrée. Néanmoins si le pouvoir sucrant est abaissé à 28 % ou 30 % cela ne change en rien que la quantité de sucre total reste importante de 38 % à 40 %. Ne perdez jamais de vue que du sucre reste du sucre même si les polyols sont des sucres moins caloriques.

Comme nous l'avons vu précédemment le sucre présent dans le chocolat se dissout lentement dans l'eau de la crème. Dans une ganache de chocolatier, le sucre n'est pas entièrement dissous d'autant plus si la ganache a été réalisée à basse température. De plus, le sucre peut se cristalliser sur la durée d'autant plus si la quantité de glucose n'est pas suffisante. Cette cristallisation peut nuire à la conservation en augmentant l'activité de l'eau. D'autre part, nous avons constaté qu'il y a un conflit entre le sucre et le cacao sec pour l'eau ce qui influence la structure, mais qui est aussi la raison d'une possible séparation des phases. Dans cette optique, partir sur une préparation sucrée et sur un chocolat non sucré paraît la solution la plus intéressante. La préparation d'un sirop adapté à notre produit et ayant la capacité d'offrir une bonne conservation devient un atout dans la régularité du travail et dans le contrôle de la qualité.

NeoCacao le nouveau chocolat

Lorsqu'on parle de chocolat non sucré, les chocolatiers pensent immédiatement à de la pâte de cacao qui sert à la confection des chocolats de couvertures. Cependant, ces pâtes sont assez grasses et ne sont pas conchées pour des raisons technologiques. La trop grande fluidité rend l'opération difficile. Nous avons étudié plusieurs possibilités. La première a été de combiner de la pâte de cacao et du cacao en poudre à 12 % de matière grasse non alcalinisée et de les concher ensemble pour obtenir un chocolat à 70 % de cacao sec et 30 % de beurre de cacao. Le cacao en poudre c'est de la pâte de cacao que l'on a pressé pour retirer un certain montant de matière grasse. Le cacao obtenu peut être alcalinisé ou pas. L'alcalinisation va influencer la couleur, le goût et la structure du cacao. Le choix d'un cacao non alcalinisé n'est pas un hasard, il permet de rester en harmonie avec le produit d'origine tout en apportant des notes un peu plus acides et fruitées. Cependant, les études que nous avons menées avec la pâte de cacao et le cacao sec, mais aussi celle réalisée sur l'influence de la structure sur le goût nous ont conduits à proposer une deuxième solution. Cette solution est d'inverser le rapport cacao sec/beurre de cacao de la pâte de cacao avec 56 % de cacao sec et 44 % de beurre de cacao pour favoriser une meilleure suspension du cacao sec et permettre des ganaches sans apport de matière grasse supplémentaire. Ces deux pâtes de cacao ont été baptisées NeoCacao. Contrairement à ce que certains pourraient penser, ces pâtes sont considérées comme du chocolat et non pas de la pâte de cacao selon la législation européenne. Elle pourrait même porter le nom de couverture. C'est la raison pour laquelle nous avons ajouté 3 % de sucre pour être parfaitement en conformité avec la législation même si celle-ci ne spécifie pas le pourcentage de sucre. En l'absence de sucre, le produit prendrait le nom de pâte de cacao.

Directive 2000/36/CE du Parlement européen et du Conseil du 23 juin 2000 relative aux produits de cacao et de chocolat destinés à l'alimentation humaine

Annexe 1

3 chocolat

a) Désigne le produit obtenu à partir de produits de cacao et de sucres contenant, sous réserve du point b), pas moins de 35 % de matière sèche totale de cacao, dont pas moins de 18 % de beurre de cacao et pas moins 14 % de cacao sec dégraissé.

b) Toutefois, si cette dénomination est complétée par les termes :

«de couverture» : le produit doit contenir pas moins de 35 % de matière sèche totale de cacao, dont pas moins de 31 % de beurre de cacao et pas moins 2,5 % de cacao sec dégraissé.

Par la même occasion, il est important de spécifier ce que l'on entend par bonbon de chocolat ou praline

10. Bonbon de chocolat ou praline

Désigne le produit de la taille d'une bouchée constitué :

– soit de chocolat fourré,

– soit d'un seul chocolat ou d'une juxtaposition ou d'un mélange de chocolat au sens des définitions figurant aux points 3, 4, 5 ou 6 et d'autres matières comestibles, pour autant que le chocolat ne représente pas moins de 25 % du poids total du produit.

https://eur-lex.europa.eu/legal-content/FR/TXT/?uri=celex:32000L0036

Le sirop de sucre

Le sirop est l'élément qui va permettre d'ajuster la ganache. Ce sirop doit être suffisamment sucré pour favoriser la conservation sans pour autant dépasser la quantité de sucre d'un chocolat à 64 % . Nos expériences ont démontré en ayant un sirop à 62 Brix, on pouvait obtenir une aW de 0,85. De cette manière, le sirop une fois ajouté au chocolat NeoCacao garantit une aW inférieure à 0,85 en toute circonstance jusqu'à une température de 24 °C. Cette température n'est jamais atteinte en chocolaterie, mais peut être atteinte chez le consommateur. Le cacao sec présent dans le chocolat contient des éléments solubles qui abaissent l'aW du sirop ajouté. Même si les éléments solubles sont en faible quantité, ils assurent une descente de l'aW autour < 0,820 en fonction de la température. Le réfractomètre digital mesure l'indice de réfraction des produits solubles. Cet indice est converti en teneur en saccharose pour donner une mesure en degré Brix. Ce bonbon de chocolat aura une vie plus ou moins longue environ 1 mois 1/2 à condition que toutes les précautions d'usages aient été prises selon les recommandations citées dans le chapitre précédent. Nous avons fixé le délai à 1 mois 1/2 le jugeant raisonnable tant d'un point de sa texture que de son goût. Théoriquement la conservation pourrait d'une durée beaucoup plus longue.

Composition du sirop

Saccharose, il est à la base du sirop

Glucose atomisé DE 35-39 maximum DE 42, anti-cristallisant et agent de texture

Dextrose monohydrate : améliore la conservation. Il est important de rappeler que le dextrose monohydrate même en poudre contient entre 8 % et 10 % d'eau.

Acide citrique : permets d'abaisser l'acidité du sirop. L'utilisation de l'acide tartrique est un choix que nous recommandons pour une saveur plus fruitée.

Lactate de calcium : comme la plupart des sels, il contribue à abaisser l'aW. Il est un régulateur d'acidité. Il permet d'éviter au pH de descendre trop bas. (voir page 154)

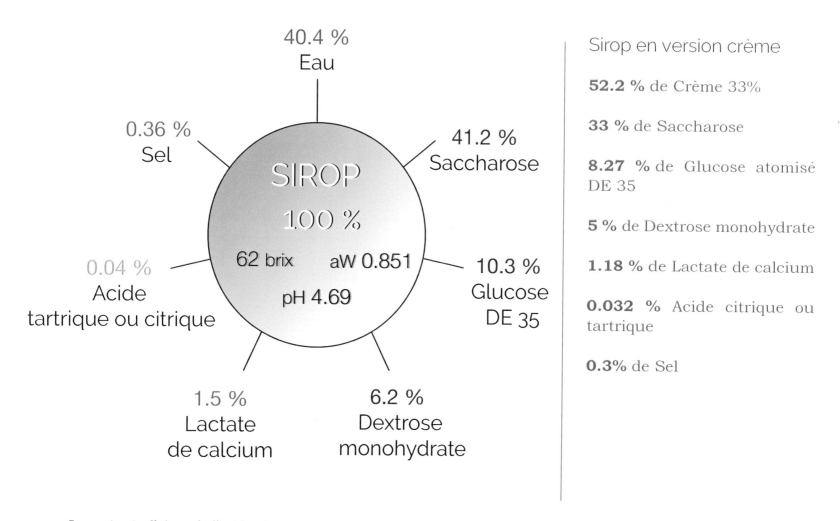

40.4 %
Eau

0.36 %
Sel

41.2 %
Saccharose

SIROP

100 %

62 brix   aW 0.851

pH 4.69

0.04 %
Acide
tartrique ou citrique

10.3 %
Glucose
DE 35

1.5 %
Lactate
de calcium

6.2 %
Dextrose
monohydrate

Sirop en version crème

52.2 % de Crème 33%

33 % de Saccharose

8.27 % de Glucose atomisé DE 35

5 % de Dextrose monohydrate

1.18 % de Lactate de calcium

0.032 % Acide citrique ou tartrique

0.3% de Sel

Important : l'ajout de l'acide citrique, du lactate de calcium et du sel sont une nécessité si nous souhaitons abaisser l'activité de l'eau sans avoir recours à davantage de sucre, de polyols et autres additifs indésirables.

La ganache au sirop

Type de chocolat NeoCaao 45 % beurre de Cacao, 52 % de cacao sec, 3 % de sucre.

Ganache au sirop/eau

100 g de chocolat NeoCacao — 150 g de sirop | aW = 0,810 pH 5.35

Ganache au sirop/crème

100 g de chocolat NeoCacao - 155,4 g de sirop | aW = 0,803 pH 5.55

En l'absence de chocolat NeoCacao, deux solutions vous sont suggérées.

1— Remplacer 100 g de NeoCacao par 100 g de pâte de cacao. Le risque est d'avoir une ganache plus dure.

2— Mettre dans le RobotCook, Stephan ou mélangeur 83 g de pâte de cacao, 15 de poudre de cacao non alcalinisé à 12 % beurre de cacao, 3 g de saccharose et si possible 0,6 g de lécithine HLB 3 à ajouter en fin de préparation. Mixer à 50 °C pendant minimum 10 minutes.

La ganache que nous obtenons est l'équivalent d'un chocolat à 62 % à 64 % de cacao d'un point de vue du cacao sec 22 % et du sucre 35 %. Seul le beurre de cacao est en quantité moindre soit 18 %.

Le lactate de calcium

Cet additif alimentaire est considéré comme l'un des plus surs puisqu'il est autorisé dans la nourriture destinée aux nourrissons. Il est bien assimilé par l'organisme. En Europe le lactate de calcium porte le numéro E327.

Le lactate de calcium peut être issu de différentes origines. Il est donc bon de se renseigner auprès de votre fournisseur. Le plus généralement, il est un dérivé de l'acide lactique. Dans ce cas, il convient à tous. Autrement, le lactate de calcium pourrait être d'origine animale et pourrait ne pas convenir à certains groupes et dans certains cas à ceux ayant une intolérance au lactose.

Le lactate a plusieurs propriétés. Il peut se comporter comme un humectant, c'est-à-dire qu'il lie l'eau, comme un régulateur d'acidité et comme un émulsifiant.

Le lactate ajouté à des fruits prédécoupés permettrait de maintenir leur fermeté. Il aurait aussi des propriétés antioxydantes et dans une certaine mesure antibactériennes. Certaines références lui prêtent la vertu d'être un exhausteur de goût.

Comme tout sel, il pourrait apporter de l'amertume ou un goût salé s'il était utilisé de façon importante. Reste que le lactate de calcium est utilisé dans des quantités relativement faibles. Le lactate est aussi peu hygroscopique et de ce fait il préserve le produit de l'humidité et permet à des produits secs de conserver leur croustillant.

Le lactate de calcium contribue à l'apport de calcium quotidien.

Dextrose, glucose et controverse

Le glucose et le dextrose, même s'ils sont issus du maïs ou d'autres céréales, ne sont pas à risque pour la santé pourvu qu'ils soient utilisés de façon adéquate. Le dextrose c'est 100 % de glucose. Le glucose avec un DE <100 ce n'est pas 100 % de glucose. Ne l'oubliez pas. Le dextrose est appelé D-glucose en Amérique. Ne perdez jamais de vue que la présence du dextrose est là pour la conservation du produit autant que le glucose est là pour agir comme texturant. Dans l'idée où certains souhaiteraient se passer de ces sucres, sans les remplacer par des produits équivalents la conservation s'en trouvera considérablement réduite. Le bonbon devra se conserver alors au froid à 4 °C.

Quant aux partisans du sirop d'agave qui pensent qu'il serait meilleur pour la santé. C'est loin d'être le cas. Il est très riche en fructose.

Toute décision doit être prise en écartant toute considération idéologique, et en pesant les avantages et les risques tant technologiques que nutritionnels même si de nos jours, il est difficile d'avoir une quelconque certitude sur ce qui est bon ou moins bon pour la santé. Une fois encore tout est question d'équilibre.

Le choix des sucres.

Si nos choix de sucres pour notre sirop paraissent restrictifs, c'est que nous souhaitions utiliser des produits dont nous sommes certains qu'il n'y aura pas de controverse, du moins d'un point de vue de la science de la nutrition. Il faut rappeler que d'un point de vue nutritionnel le bonbon de chocolat reste un produit sucré dont la consommation est avant tout fait pour le plaisir.

D'un point de vue scientifique, tous les sucres ne peuvent pas être mis sur le même pied d'égalité. De même, parler de gras saturé ou polyinsaturé n'a pas plus de sens si l'on ne connaît pas les acides gras qui composent les triacylglycérols de ces produits. En effet, l'acide laurique ou l'acide myristique, deux acides gras saturés, peuvent se comporter de façon différente dans l'organisme. Ainsi le fructose est aujourd'hui pointé du doigt par les scientifiques. Même s'il y a des études contradictoires, le fructose semble être à l'origine des maladies du foie gras qui va croissant en occident. De ce fait, nous avons décidé de bannir le sucre inverti qui, rappelons-le, est composé de glucose et fructose. Contrairement au saccharose, les molécules de glucose et fructose se sont dissociées dans le sucre inverti. De plus, le fructose apporte un goût sucré différent, plus fruité et plus sucré et qui est perçu par les papilles bien avant le saccharose ou le glucose. De la même manière, nous avons écarté les polyols pour des raisons de santé. De nos jours, ils sont très utilisés au point qu'il est fort probable que dans une journée nous puissions dépasser les doses limites avec des désagréments digestifs en prime. Cela est d'autant plus vrai pour des sujets aux prises avec des colopathies fonctionnelles.

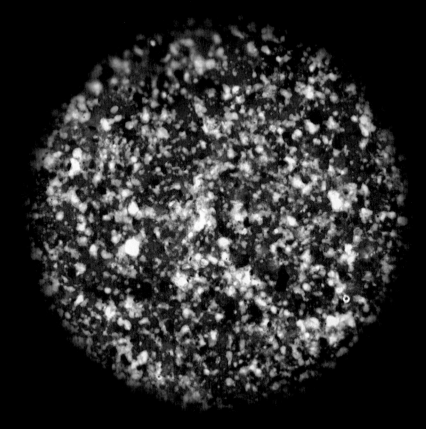

Constatations et interprétations

Nous constatons que la matière grasse a été divisée en de minuscules particules dues à la présence importante de sucres. La matière grasse est parfaitement bien dispersée. Les polysaccharides (en bleus) montrent une bonne dispersion en petit tas comme de petits agglomérats qui peut rappeler les images des ganaches faites avec de la pâte de cacao. Les protéines sont moins présentes même si elles sont bien dispersées. Tout laisse à penser que les polysaccharides sont davantage en suspension ce qui fait ressortir la couleur bleue sur l'image de gauche comme dans le cas de la ganache ou le chocolat est versé sur la crème. Une fois de plus, la différence de couleur et la dominante du bleu montrent bien que le comportement des protéines et des polysaccharides a sans doute des rôles distincts sur la structure et la texture de la ganache.

Ganache NeoCacao au sirop sans crème

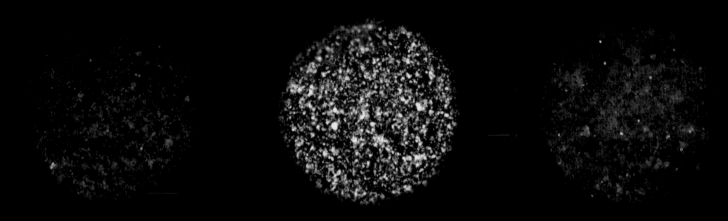

Les avantages du sirop dans la conservation et la qualités du produit.

Le sirop a la vertu de donner une ganache plus moelleuse. Les sucres plus exactement les produits solubles ont lié l'eau et prive plus ou moins le cacao d'absorber l'eau en fonction de la quantité des ingrédients solubles présents dans le sirop. Les tests menés dans des conditions extrêmes pour un bonbon de chocolat soient une humidité relative de 40 % et une température de 24 °C, et ce, sans aucun emballage, ont permis une conservation d'un mois et demi. Le bonbon de chocolat n'a pas connu une perte de qualité du produit ni même un enrobage qui craque ou une ganache qui se rétracte du fait des échanges entre l'humidité du bonbon et l'humidité de l'air ambiant. Cela laisse à penser que la structure d'une ganache réalisée au sirop n'est pas la même qu'une ganache réalisée avec un chocolat sucré. Dans de telles conditions, cela signifie que les bonbons de chocolat réalisés avec une telle ganache pourraient se conserver 2 mois voire davantage à des températures plus basses et dans un environnement contrôlé. Cependant, nous considérons que d'un point de vue de la qualité du bonbon, il est préférable de ne pas dépasser 2 mois dans un environnement contrôlé.

Le but de notre sirop est d'obtenir une aW de 0,85 sachant que le sirop une fois introduit dans le chocolat voit l'aW descendre en dessous de 0,85. Pour ce faire, il a été nécessaire de lier l'eau de façon à abaisser l'activité l'eau. Nous avons choisi des ingrédients, dont le poids moléculaire est plus bas que le saccharose et de préférence ayant un pouvoir sucrant inférieur au saccharose afin d'avoir un sirop qui ne soit pas excessivement sucré. C'est la raison pour laquelle nous avons préconisé, le dextrose ou encore le lactate de calcium. Le sirop obtenu est de 62 brix, il représente le pourcentage d'éléments soluble dans l'eau. La composition du sirop reste un choix personnel. Il est tout à fait possible d'envisager une autre composition que celle que nous vous proposons à condition de conserver les mêmes critères.

Il est important de rappeler que les bonbons de chocolat restent des confiseries et ne peuvent être considérés comme des pâtisseries. Les bonbons de chocolat se sont des produits plus concentrés en sucre qu'en chocolat et pauvre eau. Dans le cas de notre ganache au sirop avec NeoCacao, nous offrons un bonbon de chocolat moins riche en sucre et bien plus concentré en chocolat.

les préparations aux fruits

Les bonbons au chocolat peuvent renfermer des gelées aux fruits, des ganaches aux fruits ou une combinaison des deux.

Le sirop réalisé pour la ganache peut être utilisé aussi pour des préparations aux fruits. L'eau est alors remplacée par la pulpe. Cependant, cela exige de rééquilibrer le sirop. Pour ce faire, il est important de comprendre la nature même des fruits avant de remplacer l'eau par la purée de fruits.

Les fruits sont constitués de plusieurs sucres dans des proportions diverses, dont chacun d'eux, à un pouvoir de liaison de l'eau différent. Les principaux sucres que l'on retrouve dans les fruits sont le saccharose, le glucose, le fructose. Le rapport varie selon le type de fruit et leur maturité. D'ailleurs, les personnes ayant une intolérance aux disaccharides (déficience en sucrase-isomaltase) saccharose, maltose et dans de rares cas le lactose, ont une liste de fruits et de légumes qu'ils ne peuvent pas consommer du fait du tôt élevée en saccharose comme les pommes, les mangues, les dates et les bananes. De la même manière, l'intolérance au fructose qui existe dans la population à divers degré et exige une teneur plus basse en fructose. Le choix se portera sur des fruits plus pauvres en fructose ou dans des fruits dont le rapport glucose/fructose est en faveur du glucose qui favorise une meilleure assimilation du fructose. Généralement, les fruits riches en fructose sont les cerises, la mangue, la pomme, les prunes, les figues pour ne citer que quelques exemples. D'autres fruits sont riches en alcool de sucre, les polyols, comme les avocats, le lychee, les nectarines. Là encore, certaines personnes peuvent avoir plus de difficultés à digérer ces sucres. Comme vous le constatez, la richesse en sucre, mais aussi en fibres solubles de ses fruits laisse présager que l'aW pourrait varier. Nous pensons que cette variation ne se ferait qu'à la baisse vu qu'un fruit ne contient pas qu'un type de sucre, mais plusieurs.

Les vergers Boiron donnent une fiche technique pour chacune de leur purée de fruits sur leur site. Si les sucres contenus dans les fruits ne sont pas indiqués, cette fiche nous donne de précieuses informations, même si cela reste à titre indicatif. Il pourrait y avoir des écarts entre les lots et donc il est important de prendre le brix des fruits. Sur ces fiches techniques, il est intéressant de noter la différence entre matières sèches et le brix, une notion pas toujours bien comprise. En effet, comme pour de nombreux produits, les fruits contiennent à la fois des produits solubles et des produits insolubles. Le brix permet de nous informer sur les produits solubles présents dans le fruit alors que l'extrait sec nous donne la somme de tous les produits présents dans la pulpe de fruits qui ne sont pas de l'eau, c'est-à-dire les produits solubles autant que les insolubles, qu'il s'agisse de sucres, de fibres ou d'amidon. Cela soulève une question sur les sorbets et plus généralement sur les produits à base de fruit. Pour quelle raison doit-on calculer les sorbets sur le brix donc sur les matières solubles et ne pas considérer l'extrait sec total? Est-ce que le fait que les éléments solubles lient l'eau justifie ce choix? Rappelons-nous que même si les éléments insolubles ne lient pas l'eau, ils peuvent l'adsorber et contribuer à la texture. Plus encore, le brix ne fait pas référence qu'aux sucres. Il est donc faux de penser qu'à 27 brix nous avons toujours 27 % de sucres. Même si les fibres solubles ne sont pas nombreuses, ils peuvent tout de même représenter 1 % voire plus dans un sorbet ce qui fait une différence. Doit-on donc envisager une nouvelle manière de calculer les sorbets? On définit le brix d'une glace autour de 27° brix à 32° brix. Pourtant dans le Code de Pratiques Loyales des Glaces aucune référence n'est faite à ce sujet, pas plus dans les législations extérieures à la France. Cependant dans les livres de technologies anglo-saxons, il est précisé que la quantité de sucre d'un sorbet est de 28 % à 32 %. Aurait-on confondu le taux de sucre et le brix ? Utiliser le terme brix serait-ce une erreur pour définir les caractéristiques d'un sorbet ? Ne devrions-nous pas parler d'extraits secs et de taux de sucre ce qui paraîtrait plus logique et plus rigoureux ? Ainsi, il est alors possible d'ajouter d'autres extraits secs comme Berry Farah l'a démontré avec l'ajout d'amidon de riz particulier qui permet d'améliorer la texture et la saveur du sorbet et diminuer légèrement la quantité de sucre. Les questions restent ouvertes et montrent la complexité que l'ajustement d'un sirop de fruit exige.

Pour donner plus d'intensité fruitée aux fruits, il est préférable de réduire des purées de fruits. Il est à noter que les réductions ne sont pas appropriées à toutes les purées de fruits du fait de la perte de saveur. Cela étant dit la réduction peut s'effectuer à l'aide du RoboCook à une température de 95 °C.

Tous les fruits ne sont pas égaux quant à leurs extraits secs totaux et leur teneur en extrait sec soluble. De plus, l'extrait sec soluble calculé en Brix peut contenir autant des fibres solubles que des sucres. Parmi ces sucres, on peut retrouver une panoplie de sucres dont le saccharose, le glucose et le fructose qui sont généralement les sucres présents en plus grande quantité. Ces sucres ont des capacités de lier plus ou moins l'eau. Il devient donc difficile de rééquilibrer le sirop en tenant compte de toutes ces variantes. C'est la raison pour laquelle lorsque nous ajoutons une purée de fruits, nous diminuerons la quantité de saccharose en proportion à la quantité du brix présent dans la purée de fruits. Cependant, le rééquilibrage du sirop exige d'autres ajustements comme la teneur en eau. Si le rééquilibrage peut se faire aisément avec certains fruits, c'est moins vrai avec d'autres comme nous le verrons dans la suite du chapitre.

Nous avons considéré qu'il existait 2 catégories. Pour la première, il n'est pas nécessaire de tenir compte des fibres insolubles lorsque la différence entre brix et extrait sec total est inférieure à <2 %.. Dans le cas où la purée de fruits n'est pas réduite, nous allons appliquer le calcul suivant

Pour un sirop à 400 g d'eau et 420 g de saccharose.
Pour une purée de fruits à 22 Brix soit 88 % d'eau.
Pour connaître la quantité de purée de fruit 400/0,88 = 455 g
Sucre présent dans la purée fruit 455 *0,22 = 100 g
Pour le sirop il faudra 455 g de purée de fruit et pour le sucre 420 -100= 320 g

Pour la deuxième catégorie ce sont toutes les purées de fruits dont la différence entre le brix et l'extrait sec total est supérieur à >2 %. Les fibres insolubles seront considérées comme des produits ajoutés au sirop

Pour un sirop à 400 g d'eau et 420 g de saccharose.
Pour une purée de fruit à 22 Brix un extrait total de 26 % soit 74 % d'eau
Pour connaître la quantité de purée de fruit 400/0,74 = 540 g
Sucre présent dans la purée fruit 540 *0,22 = 119 g
Pour le sirop il faudra 540 g de purée de fruit et pour le sucre 420 -119= 301 g

Dans le cas où l'on procède à la réduction de la purée, le brix pourrait être mesuré ou il faudra procéder de façon mathématique.

Peser la purée avant et après la réduction. La différence donnera la quantité d'eau évaporée et permettra de calculer la quantité de sucre restante en fonction des informations que vous aurez de votre fournisseur de produit. Ensuite le mode de calcul reste identique à ce qui était écrit précédemment.

Pour un sirop à 400 g d'eau et 420 g de saccharose.
Pour une purée de fruit à 22 Brix un extrait total de 26 % soit 74 % d'eau
Si l'on effectue une réduction de 30 %, il va rester 70 % de purée fruit soit
L'eau restant est de 70-26 = 44 %
Le brix sera de 22/70 = 31 %
Pour connaître la quantité de purée de fruit 400/0,44 = 910 g
Sucre présent dans la purée fruit 910 *0,31 = 281 g
Pour le sirop il faudra 910 g de purée de fruit réduite de 30 % et
pour le sucre 420 -281= 139 g

Ces sirops aux fruits lorsqu'ils ne sont pas ajoutés directement au chocolat peuvent devenir des gelées. Dans ce cas, le choix de la pectine va dépendre du résultat recherché et de la quantité de produits solubles dans le sirop et la présence du lactate de calcium, du sel et de l'acide devra être reconsidérée en fonction de la pectine utilisée. Le lactate, le sel et l'acide tous ont une influence sur la prise de gel. Il est donc bon d'utiliser le plus approprié en fonction de ce qui vous sera expliqué dans les lignes suivantes.

Avec un brix supérieur à 50 %, le choix d'une pectine hautement méthylée (HM) sera la préférence avec un pH plus ou moins bas. Avec un brix inférieur à 50 %, le choix ira vers des pectines faiblement méthylées (LM) ou des pectines amidées (LMA). Elles nécessiteront plus ou moins de calcium pour réagir. Il faut rappeler que le choix de pectine en fonction de la quantité de produits solubles dans la préparation et donc dépend du degré d'estérification de la pectine (DE). Plus le degré d'estérification est élevé, plus la prise de gel sera rapide.

Dans l'artisanat nos choix de pectine sont restreints d'autant plus que certaines pectines contiennent des sels retardateurs pour retarder la prise en gel des préparations. Cet ajout de sel peut avoir une influence négative sur le goût. D'autre part, cela ne laisse pas la liberté au pâtissier de faire ses propres choix.

En présence de lactate de calcium, il faut utiliser des pectines qui ne contiennent pas des sels de calcium. Un excès de calcium peut avoir un effet négatif et entraîner une perte d'élasticité voire un risque de synérèse. À noter que les pectines de pommes et les pectines d'agrumes ne donnent pas tout à fait les mêmes résultats.

Il faut rappeler que la plupart des gelées de fruits ont un brix élevé. Dans le cas de pâtes de fruits, le brix est d'environ 76 à 78 brix. Les pâtissiers obtiennent ce brix par réduction alors qu'il suffirait d'adapter la recette dès le départ avec le brix voulu. Dans ce cas, seule une ébullition sera nécessaire.

Pour la réalisation des gelées, la pectine doit être mélangée avec 5 fois son poids de sucre, mixée avec l'eau de la préparation ou la purée de fruit puis portée à ébullition tout en mixant (bras mélangeur) avant d'ajouter les sucres et de cuire la préparation à 95 °C et finalement d'ajouter l'acide.

La quantité de pectine est autour de 1,3 % à 1,5 % du poids total de la préparation. Il faut rappeler que plus les produits solubles présents dans la préparation ont un poids moléculaire bas (sucres qui lient davantage l'eau), plus la gelée aura une texture molle.

Ces sirops pourraient servir pour d'autres usages comme des glaçages et dans une certaine mesure servir aux sorbets pour des sirops de 60 brix.

Prenons un exemple d'une gelée de framboise

112 g purée framboise 40brix 60 g de sucre 14g de glucose atomisé 35DE 3g de pectine NH

Cette préparation à un brix de 60 (total des produits solubles/poids total | (40 +60 +14)/189). La pectine NH est à 1,5 % et elle pourrait être diminuée à 2,5 g pour avoir un produit plus souple.

La pectine NH contient les sels suivants : diphosphate de sodium et orthophosphate de calcium. Le premier pour retarder la prise de gel et le second pour favoriser la gélification.

La pectine NH pourrait être remplacé par la pectine 325 NH (Louis François) avec l'ajout de lactate de calcium voire sans en fonction de la dose de pectine ajoutée.

La pectine NH pourrait être remplacé par la pectine LM à prise en gel moyenne (Ex : pectine medium rapid set Louis François) avec l'ajout d'acide citrique ou tartrique.

Les possibilités que nous offrent les pectines sont immenses et le choix de pectines existantes est tout aussi important. Malheureusement, l'artisanat se voit imposer des standards qui leur limitent la possibilité de créer des textures différentes.

Les herbes et les épices

Les chocolatiers ont pris l'habitude d'agrémenter leur ganache d'épices et d'herbes. Beaucoup négligent les risques qui entourent l'utilisation de ces produits. Pourtant ces produits peuvent contenir autant des bactéries que des mycotoxines, quel que soit le mode de culture. La FAO montre que des pratiques adaptées et qui respectent certaines règles permettent de minimiser les risques.

L'agence canadienne des aliments nous le signale de façon très claire sur leur site.

> *Si elles ne font pas l'objet d'un traitement antibactérien, les épices sont des produits naturels qui peuvent héberger de grandes quantités de bactéries, y compris des bactéries Salmonella et E. coli pathogènes. En outre, les épices sont souvent ajoutées à des aliments qui ne feront l'objet d'aucune autre transformation et qui seront consommés comme des produits prêts-à-manger. En 1993, une épidémie de maladies d'origine alimentaire à l'échelle de l'Allemagne a été causée par des croustilles assaisonnées de paprika contaminé par la salmonelle (Lehmacher et coll. 1995). Plus récemment, en 2009 et en 2010, plus de 250 personnes provenant d'au moins 44 états américains ont été infectées par la*

bactérie Salmonella Montevideo après avoir consommé des charcuteries italiennes qui renfermaient du poivre noir et rouge contaminé (CDC 2010).

De nos jours, l'ionisation des épices permet de minimiser ces problèmes en diminuant les micro-organismes pathogènes.

Voilà ce que nous dit DGCCRF (Direction générale de la concurrence, de la consommation et de la répression des fraudes France)

> L'ionisation des aliments consiste à les exposer à des rayonnements ionisants afin de réduire le nombre de micro-organismes qu'ils contiennent. Selon l'aliment, elle prévient la germination, extermine les insectes (légumes), retarde la maturation (légumes), prévient les maladies (volaille) ou réduit les micro-organismes (herbes aromatiques).

> Les denrées alimentaires ionisées en France ont augmenté en 2013 de près de 2000 % pour les herbes aromatiques séchées.

Cependant, toutes les épices ne subissent pas ce traitement et dans ce cas il faut être vigilant et prudent.

Bien entendu, le dosage doit être fait de façon judicieuse et avec subtilité.

Les épices peuvent aussi contenir un certain nombre de résidus de pesticides parfois en plus grand nombre que les seuils fixaient par les organismes de régulation.

Les épices et les herbes ne sont pas des produits anodins. Contrairement à un mythe populaire, ce n'est pas parce qu'on les utilise depuis 2000 ans qu'ils sont sans danger pour notre santé d'autant plus qu'à haute dose certaines d'entre elles peuvent être de véritables poisons.

Pour les épices et les herbes, l'infusion peut être faite à chaud ou à froid et dans les deux cas la préparation doit être pasteurisée. Nous vous conseillons de tamiser l'infusion une fois réalisée. Certaines épices méritent d'être torréfiées pour exacerber leur saveur. Attention à l'utilisation du sésame et à sa manipulation, il est vecteur de salmonelles. Il est donc important de toujours le torréfier pour s'assurer de la destruction de bactéries. D'autres graines pourraient nécessiter une attention particulière. Il est donc toujours important de se renseigner auprès des autorités locales.

Quelques exemples :

– La vanille et le basilic sont souvent infusés à froid durant 24 heures. Cela pourrait se faire aussi avec le sirop pour ensuite le pasteuriser. Enfin, la préparation est tamisée avant le refroidissement de votre sirop. Souvent, l'infusion provoque une perte d'eau plus ou moins importante. Le sirop doit donc être compensé par l'ajout d'eau.

– Des poivres ou la cannelle sont souvent incorporés à la fin d'un caramel à sec afin de les torréfier et de développer leurs arômes. Ensuite, la préparation est déglacée par un sirop ou de la crème. Puis, la préparation est tamisée et refroidie.

D'autre part, si les zestes ne font pas partie des épices et des herbes, il est important d'en parler. En effet, le zeste des fruits contient non seulement des résidus de pesticides, mais aussi peut contenir des micro-organismes et de l'eau en faible quantité. Il est donc préférable de ne pas les ajouter à la ganache.

Enfin, certains chocolatiers préféreront l'utilisation d'huile essentielle dans ce cas nous vous invitons à la prudence quant au dosage du fait de leur toxicité et des effets contraires qui pourraient en découler. Dans le cas où vous ne seriez pas doser le produit, renseignez-vous auprès des autorités compétentes.

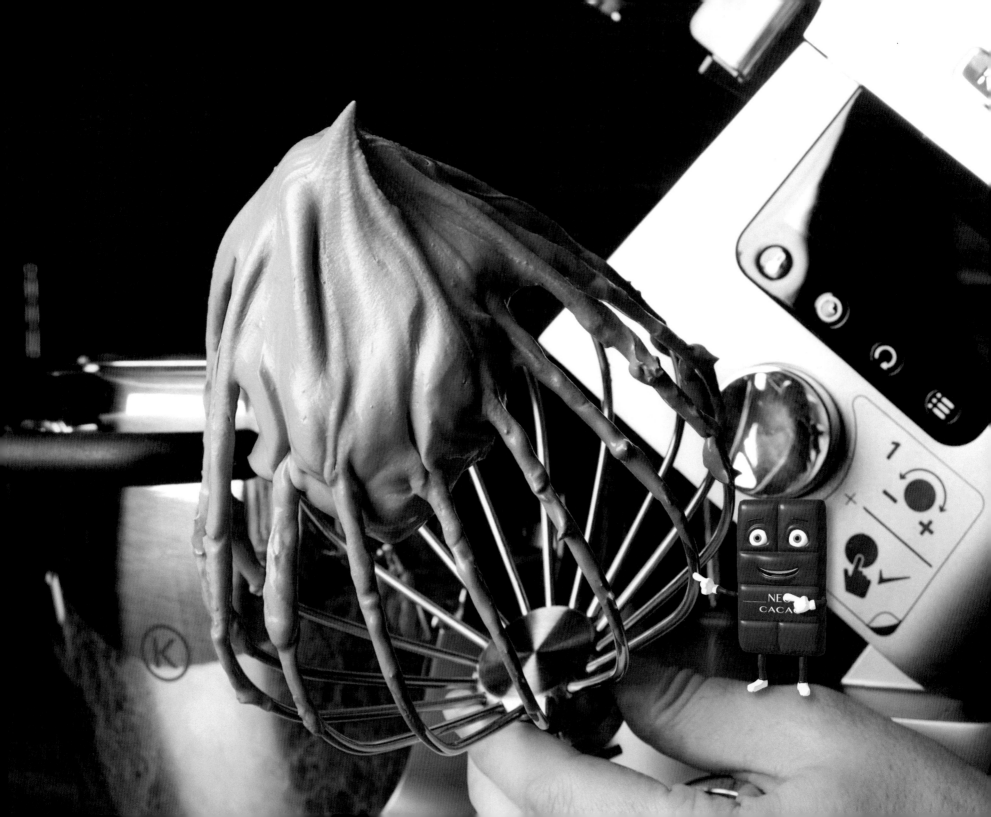

Les glaces et les mousses au chocolat

Les mousses et les glaces sont en tout point similaires. Dans l'artisanat, les mousses se réalisent par l'ajout de crème fouettée. Dans l'industrie, le procédé est différent. Il est réalisé par l'ajout d'air. En restauration, c'est généralement le siphon qui permet la réalisation des mousses. Cependant, le fait que la glace soit servie congelée et que la mousse ne le soit pas fait en sorte que la structure est différente. La mousse réalisée selon le procédé de la glace, c'est-à-dire à l'aide d'une turbine ou montée en mousse comme une chantilly, nécessitera davantage d'extraits secs que pour la glace. En théorie, il serait tout à fait possible de prendre une recette de glace et d'en faire une mousse à condition que la crème soit fouettée. Autrement, il sera nécessaire de réajuster l'équilibre de la recette pour une meilleure texture.

Les bases des mousses et des glaces

Extrait sec

Pour monter en mousse un produit, il faut qu'il y ait un minimum d'extrait sec. On entend par extrait sec tous les produits présents dans la mousse ou dans la glace hormis l'eau.

Glace : la quantité minimale d'extraits secs se situe entre 35 % et 36 %

Mousse : la quantité minimale pour les mousses se situe entre 31 % et 33 % à condition que la crème soit fouettée, autrement l'extrait sec doit être supérieur à celui des glaces à moins d'avoir des stabilisateurs pour lier l'eau. La gélatine doit être au minimum de 220 blooms.

Il est important de comprendre que plus il y a d'eau, moins il y a d'extraits secs, plus il est facile de faire entrer de l'air. Alors que plus il y a d'extraits secs et moins il y a d'eau plus il est difficile de faire entrer de l'air. Bien entendu, il y a un équilibre extrait sec/eau à respecter. Il faut une certaine viscosité pour faire entrer de l'air, un produit trop fluide ne le permet pas. Cependant, il ne suffit pas de faire entrer de l'air, il faut pouvoir l'emprisonner. La cristallisation de la matière grasse butyrique joue un rôle important dans ce processus.

À titre d'exemple, aux États-Unis, les glaces super-premium (environ 12 % Mg butyrique) ont moins d'air et une texture plus onctueuse. Quand un produit contient trop d'air surtout dans le cas d'une mousse, le produit manque de dimension. Les Anglais utilisent le mot watery pour qualifier cette texture. En français, on pourrait dire que la texture est aqueuse.

Les protéines

Les protéines jouent un rôle de charpente afin d'apporter de la structure au produit, mais leur rôle principal est celui d'agent moussant pour favoriser le foisonnement. Dans les glaces et les mousses, ce sont les protéines laitières qui jouent ce rôle. Pour autant, c'est à l'extrait sec dégraissé lactique (ESDL) que l'on fait référence, et ce, par facilité. L'ESDL, c'est l'extrait sec des matières laitières, en anglais MSNF (milk solid non fat). Cet ESDL n'est pas constitué que de protéines, mais aussi de sucre (le lactose) et de minéraux. Généralement, le lactose représente 54 % de l'ESDL et les protéines 37 %. Elles sont divisées entre les caséines (80 %) et les protéines sériques (20 %) appelées aussi lactosérum, en anglais whey. Ces dernières sont les agents moussants. Généralement pour compenser l'ESDL que n'a pas pu apporter la crème, le lait ou le beurre, on ajoute de la poudre de lait. Dans certains cas, il peut s'agir d'une combinaison de poudre de lait et de lactosérum.

Glace : ESDL minimum 7 % — maximum 12 %

Mousse : ESDL : minimum 7 % (cela dépend de la quantité de matière grasse)

L'ESDL est en relation avec la quantité de matière grasse. Plus il y a de matière grasse, moins il y a d'ESDL. Moins il y a de matière grasse, plus il y a de l'ESDL.

Il est important de rappeler qu'une quantité importante de jaunes d'œufs permet de se passer de poudre de lait. C'était le cas des glaces du XIXe siècle et du début du XXe siècle en France.

Dans des produits dans lesquels on ne souhaite pas avoir des produits laitiers, il est possible d'ajouter des protéines végétales, comme des protéines de pois.

La matière grasse laitière

Que cela soit pour les glaces et les mousses la quantité de matière grasse n'a pas de minimum ou de maximum. Cependant selon les législations, il peut y avoir des minimums comme aux États-Unis et au Canada où le minimum est de 10 % et dans certains cas de 8 % (glace à laquelle on ajoute du chocolat, des fruits ou des garnitures).

Glaces : 5 % minimum suggéré (c'est souvent le cas des glaces en France), idéalement 8 %, maximum 12 %

Mousses : minimum 8 %. Bien souvent, dans l'artisanat, la quantité de matière grasse est très importante.

Émulsifiant et Stabilisateur

Les glaces et les mousses sont des émulsions foisonnées. Dans ce cas, il est préférable d'avoir l'ajout d'un émulsifiant pour unir l'eau et la matière grasse. Cependant dans l'artisanat l'utilisation du jaune d'œuf suffit à stabiliser l'émulsion. Bien entendu dans des glaces sans œufs il est essentiel de recourir à un émulsifiant. Quant aux stabilisateurs, ils ne sont généralement pas nécessaires dans l'artisanat sauf dans le cas où la glace ne contient pas assez de matière grasse. Aujourd'hui, Berry Farah a développé un moyen de ne plus avoir de stabilisateurs et d'émulsifiants grâce à l'utilisation de nouvelles fécules de riz.

Les glaces et les mousses au chocolat

Les mousses au chocolat sont souvent très grasses et le goût du chocolat est travesti par la grande quantité de lait et de crème. Qui plus est, l'introduction d'air tend à pâlir la couleur du chocolat.

Les glaces au chocolat n'échappent pas à cette réalité même si la quantité de matière grasse est moins importante.

C'est la raison pour laquelle dans les années 1990 deux révolutions sont venues bouleverser notre conception de ces produits. La première, on la doit à Hervis This. Pour la première fois, il démontre à l'émission *Bouillon de Culture* comme il est possible de réaliser une mousse au chocolat uniquement avec du chocolat et du jus d'orange. La deuxième révolution est la naissance du sorbet au chocolat dont le créateur serait Robert Linxe de la Maison du chocolat à Paris. Cependant, le chocolat chantilly d'Hervé This malgré toutes ses qualités donne un goût cacaoté et peut donner une texture moins agréable. Les expériences menées en 2008 par Berry Farah sur les mousses à l'eau ont démontré que donner de la viscosité au liquide avec lequel le chocolat est monté en mousse améliore la texture. D'autre part, le sorbet au chocolat repris depuis par tous les maîtres-glaciers reste sans doute un bien meilleur produit que la glace au chocolat.

Depuis, les ganaches montées sont revenues à l'ordre du jour ce qui permet d'éviter d'ajouter la crème fouettée. La crème est montée directement avec le chocolat. Cependant, cela reste des produits riches et denses.

Les nouvelles mousses au chocolat.

En pâtisserie, le beurre de cacao sert de référence pour ajuster la quantité de chocolat à ajouter aux mousses puisque les professionnels considèrent le beurre de cacao comme le ciment. Cependant, cette approche est erronée. Ce n'est pas le beurre de cacao qui contribue au durcissement même s'il y participe. En effet, dans les mousses, le beurre de cacao n'est jamais en quantité suffisante pour avoir un impact sur la dureté du produit. Par contre pour conserver une certaine cohésion, il est important que le rapport beurre de cacao/eau ne soit pas trop important. Il ne devrait pas dépasser 3.5. L'impact de la matière grasse butyrique a beaucoup plus d'influence sur le durcissement de la mousse. Néanmoins ce qui fait durcir la mousse au chocolat c'est le cacao sec. Il agit aussi comme stabilisateur. D'autre part, le cacao sec a un rôle primordial sur le goût. La quantité de cacao sec devrait être de 8,5 % à 9 %. Si le chocolat contient de faibles quantités de beurre de cacao comme NeoCacao qui contient 30 % de beurre de cacao, le montant pourrait être supérieur. Il ne faut pas perdre de vue que le cacao sec contribue aussi à la dureté de la mousse. C'est la raison pour laquelle, le rapport eau/cacao sec devrait être autour de 4,5 à 5 voir moins dans le cas ou on utilise NeoCacao, le chocolat que nous avons conçu. La mousse étant complexe, il est important de tenir compte de la quantité d'eau totale qui doit être inférieure à < 46 % et savoir qu'en fonction de la méthode utilisée pour réaliser la mousse avec ou sans crème fouettée, la quantité minimale de matière grasse butyrique peut varier de 10 % à 12 %. Il est important de rappeler que si l'on ajoute du sucre à la mousse au chocolat, le cacao sec va adsorber moins d'eau et va affecter légèrement la consistance de la mousse. Nous vous suggérons un maximum de 15 % de sucre pour vos mousses au chocolat.

Réaliser une mousse est donc un exercice mathématique complexe pour lequel Berry Farah a mis un logiciel de calcul au point. Néanmoins, nous allons vous proposer plusieurs recettes avec différents chocolats de Cacao Barry.

Finalement, nos recherches nous ont conduits à constater que tout comme la ganache, la précristallisation de la mousse était aussi importante. L'ajout 1 % de beurre de cacao tempéré à 33 °C (tempérage dans le magicTemper ou ezTemper) permet de stabiliser la mousse et de lui donner davantage de structure.

Résumons :

La quantité d'eau totale : < 46 %, soit un minimum d'extrait sec total de 54 %

La quantité de cacao sec pour des chocolats : 8,5 % à 9 % pour des produits pauvres en beurre de cacao et riches en cacao sec autour de 12 %

Si le cacao sec est alcalinisé en fonction du degré d'alcalinisation nous serions autour de 6 % à 7 %.

La quantité de matière grasse butyrique : minimum 10 % (dans le cas de crème fouettée) à 14 % sans œufs, ou encore 11 % mg + 6 % de jaunes (dans le cas de mousse montée)

La quantité de sucre : <= 15 %

L'ajout de poudre de lait peut-être envisagé pour renforcer l'onctuosité.

Le goût et la couleur

Le goût du chocolat d'une mousse ne dépend pas uniquement de la quantité de cacao sec, mais aussi de la quantité d'eau. En effet plus le chocolat est dilué dans l'eau, plus la saveur est dispersée. D'autre part, la couleur va varier en fonction de la quantité d'air, mais aussi en fonction de la quantité de produits dissous dans l'eau. En effet, plus il y a d'air, plus la mousse va être claire. De la même manière moins il y a de produits qui se dissolvent dans l'eau comme le sucre, plus le produit va paraître clair. Si la mousse était réalisée avec un sirop, la mousse serait plus foncée.

La méthodologie

Les nombreux tests que nous avons effectués montrent que dans une mousse pauvre en matière grasse butyrique, l'ajout de crème fouettée entraîne une perte de volume et donne l'impression d'une mousse plus grasse. La couleur du chocolat est plus foncée et le goût est plus agréable. La mousse montée comme une chantilly donne un produit plus clair, plus de volume et un goût moins marqué. Cependant, ajouter à la mousse montée une quantité de jaunes d'œufs de 6 % sous forme de crème anglaise améliore le produit et plus encore si la mousse est précristallisée par ensemencement.

Recette type d'une mousse au chocolat montée.

Mousse Chocolat NeoCacao

NéoCacao 30/70 177g, lait entier 279g, crème 334g, sucre 110g, sirop glucose 40g, jaunes d'œufs 60g.

Réaliser une crème anglaise avec le lait, les sucres, les jaunes. Refroidir la crème à 40 °C. Ajouter le chocolat fondu à 50 °C. Mélanger au bras mélangeur et ajouter la crème non montée. Il est possible de tempérer la préparation avec 1 % de beurre de cacao tempéré. Cela apporte plus de structure à la mousse. Il faut dans ce cas abaisser la préparation à 32 °C avant d'ajouter le 1 % de beurre de cacao tempéré à 33 °C à l'aide du MagicTemper ou du EzTemper. Mettre la préparation au froid jusqu'au lendemain. Le jour suivant, monter la mousse sans excès pour ne pas avoir une mousse sèche et une texture sableuse.

Chaque recette a son secret

MADE IN FRANCE

FRENCH MANUFACTURER OF PROFESSIONAL COOKING AND PASTRY UTENSILS

debuyer.com

Les pâtes et les biscuits au chocolat

Le chocolat est moins présent dans les pâtes qu'il peut l'être dans les crèmes. En effet, le chocolat, d'ailleurs comme les amandes, est une matière difficile à gérer lorsqu'il est ajouté aux pâtes.

Dans les pâtes, la poudre de cacao est privilégiée au chocolat ou même à la pâte de cacao. De plus, la quantité de cacao en poudre ajoutée aux recettes est souvent sous-évaluée. Les plus anciens se souviendront de la génoise à la poudre de cacao à la couleur délavée, qui est sans doute encore enseignée de nos jours. D'autre part, la poudre de cacao laisse souvent un goût qui en rien ne nous fait rappeler celui du chocolat.

Quant au chocolat, sa difficulté d'utilisation réside principalement par son apport de beurre de cacao qui contrairement au beurre laitier va avoir tendance à assécher la préparation davantage que de la rendre moelleuse. D'autre part, la présence du sucre est souvent trop importante. Ce qui fait que si l'on souhaite privilégier le chocolat pour sa saveur, la quantité de beurre et de sucre devient un obstacle difficilement gérable. C'est d'ailleurs la raison pour laquelle on privilégie le cacao en poudre.

Pour quelle raison le cacao sec pose-t-il des problèmes dans les pâtes ?

Il faut s'imaginer un gâteau, quel qu'il soit comme une ganache. Ainsi tous ceux dont on vous a parlé précédemment sur la structure de la ganache pourraient s'appliquer à quelques différences près à une pâte de type biscuit, cake ou brioche.

Prenons un exemple.

La ganache c'est du chocolat et de l'eau. Le chocolat c'est du cacao sec, du sucre et du beurre de cacao et de la lécithine.

Reportons cela à un biscuit à la française. Remplaçons le cacao sec par un produit qui lui ressemble, la farine, le sucre c'est du sucre, et le beurre de cacao par du beurre laitier. Et pour l'eau, choisissons un œuf qui apporte de l'eau, de la lécithine et un peu de matière grasse.

Ainsi, dans le cas d'un chocolat qui a 33 % de cacao sec environ, 35 % de sucre et 33 % de beurre de cacao comme l'Inaya de Cacao Barry, on ajoutera entre 40 g et 50 g d'eau pour obtenir une ganache. Appliquons le modèle de la ganache au biscuit à la française. En lieu et place du cacao sec, on met 35 g de farine, 35 g de sucre, 33 g de beurre laitier à la place du beurre de cacao et 50 g d'œuf pour la lécithine et l'eau.

Dans le biscuit, on fait face au même phénomène que l'on retrouve dans la ganache c'est-à-dire à l'émulsion, à la sédimentation, à la dispersion, à la suspension avec une différence que le biscuit s'approche plus d'une mousse et donc il y aurait l'effet de foisonnement en plus.

Cependant, si à présent on remplace la farine par du cacao sec, on n'obtient pas un biscuit à la française, mais davantage une pâte compacte qui se cuira probablement mal sauf si l'on venait à le pocher au bain-marie. Pourquoi? La différence entre la farine et le cacao sec ce n'est pas tant le gluten puisque ce dernier ne se forme pas dans un biscuit à la française, mais l'absence d'amidon. Si les protéines de la farine se coagulent à la cuisson, c'est l'amidon qui permet de gélifier la préparation et lui permettre de conserver son volume. Certes, les protéines de la farine sont structurantes, mais l'amidon de blé joue un rôle important. Cependant, cela ne suffirait pas d'ajouter de l'amidon avec le cacao sec, car la recette serait déséquilibrée et il n'y aurait probablement jamais suffisamment d'amidon.

D'autre part, le cacao sec absorbe beaucoup d'eau peut-être bien plus que de la farine et apporte de la ténacité. Nous avons vu précédemment qu'il fallait presque 2,5 fois le poids de cacao sec pour que l'eau soit suffisamment disponible pour qu'il se produise une émulsion, et ce dans une préparation sans sucre. Ce qui signifie que lorsqu'on ajoute du cacao sec, il ne faut pas retirer de la farine dans la même proportion de cacao sec, mais plutôt ajouter du liquide dans une proportion bien moindre que 2,5 fois le poids du cacao sec du fait qu'il y a du sucre. En effet, le sucre prive le cacao sec d'adsorber l'eau. La quantité d'eau à ajouter peut varier de 1 à 1,5 le poids de cacao sec voire davantage si c'est une pâte levée puisque cette fois le sucre dans la pâte levée n'est pas aussi important. Si vous décidiez de retirer de la farine pour la remplacer par du cacao sec dans des proportions qui permettent d'avoir une couleur riche et une bonne saveur dans ce cas il n'est pas nécessaire d'ajouter de l'eau et le produit ressemblera à un produit très moelleux qui peut offrir des textures étonnantes. La quantité de farine à retirer est près de 2 fois le poids de la quantité de cacao sec ajouté à la recette. Cependant comme le cacao sec est une matière sèche et amère, il faut ajouter du sucre généralement 1 fois à 1,25 son poids et/ou du beurre laitier selon les préparations.

Finalement, le cacao sec ne doit surtout pas être utilisé comme si c'était une farine, mais être mélangé avec la quantité d'eau, de sucre et de beurre fondu et monter cela en température à 40 °C pendant une dizaine de minutes au mixeur.

Prenons un exemple celui d'un cake : 100g d'oeuf 100g de farine 80g de sucre 78g de beurre 2g de poudre à lever.

Pour avoir un produit bien chocolaté, il faut que le cacao sec représente 3 % à 3,5 % environ du poids de la préparation pour un cacao en poudre alcalinisé auquel on ajoute 1,5 % d'eau, 1,2 % de sucre et 0,8 % de beurre du poids du cacao sec. Il existe un logiciel de calcul mis au point par Berry Farah pour effectuer l'opération. On obtient :

19g de poudre de cacao à 22 % 12g de beurre 18g de sucre 23g d'eau.

On réalise avec ce mélange une pâte que l'on porte à 40°C pendant une dizaine de minutes. Puis on le refroidit à 21°C. Cette préparation est ajoutée après que les oeufs aient été bien incorporés au beurre et au sucre en crème et puis on incorpore la farine.

Il est important de noter que la poudre de cacao alcalinisée et la poudre de cacao non alcalinisée ne donneront pas les mêmes résultats et la même couleur et cela pourrait influencer aussi le volume de la pâte.

Vous constatez que tout ce qui a été vu sur la ganache pourrait s'appliquer à bien d'autres produits.

Quant au dosage, le cacao sec présent dans le cacao en poudre alcanisé représente 3 % à 3,5 % du poids total d'une pâte. Le cacao sec présent dans le chocolat représente environ 5,5 % à 6 % du poids final d'une pâte, et ce, pour avoir dans les deux cas une coloration bien foncée, et une saveur de chocolat bien présente. Cependant, pour de meilleurs résultats et des résultats plus équilibrés, il est conseillé de mélanger le cacao sec et le chocolat, mais jamais dans des proportions de cacao sec égales. C'est soit le cacao sec de la poudre de cacao qui domine, soit c'est le cacao sec du chocolat qui domine.

Dans le cas de la brioche, il est impératif d'augmenter de façon conséquente l'eau et d'augmenter la quantité de beurre. Éviter d'ajouter en excès le sucre auquel cas la pâte sera difficile à travailler si vous souhaitez une brioche bien chocolatée. Cependant, la fermentation semble modifier les saveurs du chocolat. Le goût d'une brioche richement chocolatée est assez particulier. Cette brioche au chocolat s'appelle la brioche de Tarascon connu au XIXe siècle dont vous trouverez une recette adaptée dans les pages suivantes.

Pour ce qui est de la technologie et des techniques des pâtes, nous vous invitons à vous référer aux deux volumes de la pâtisserie du XXIe siècle de Berry Farah

Conclusion

Dans cet ouvrage, nous avons pénétré au cœur de la ganache pour en comprendre le fondement afin de définir sa structure et sa texture et expliquer les principes de conservation de la ganache du chocolatier. À cela, nous avons greffé des informations sur la composition des mousses, des glaces et des cakes au chocolat. Si nous avons répondu à un certain nombre de questions, d'autres restent à approfondir ou nécessitent encore des réponses.

Notre travail nous a conduits à mettre certains points en lumière.

Le chocolat

Le chocolat est réalisé à partir de pâte de cacao, auquel est ajouté du beurre de cacao, dont l'origine n'est pas toujours la même que celle de pâte de cacao, du sucre et de la lécithine. Nous avons constaté qu'en aucun cas le cacao sec ne dépasse la quantité de beurre de cacao. Dans de rares cas, ils sont équivalents comme pour l'INAYA de Cacao-Barry et le plus souvent le beurre de cacao est supérieur au cacao sec pour favoriser la fluidité du chocolat. De façon générale, plus il y a de cacao sec, plus il y a de beurre de cacao. Le beurre de cacao atténue l'amertume du cacao sec.

Nous avons appris aussi que le sucre pouvait se trouver sous deux états différents amorphes et sous forme de cristaux.

Il est légitime de se demander si un chocolat en deçà de 60 % peut être considéré comme un chocolat du fait de la faible quantité de cacao sec et la grande quantité de sucre.

D'un point de vue de la conservation nous avons appris que le cacao sec autant que le beurre de cacao pouvait être porteur de micro-organismes. Même si toutes les conditions sont faites pour qu'ils soient exsangues, il subsiste des traces. Pour autant, les compagnies s'assurent que les bactéries, de type E. coli ou salmonelle, soient nulles.

Le rôle de l'eau dans la ganache

L'incorporation de l'eau va modifier l'harmonie du chocolat pour générer une nouvelle entité que l'on appelle la ganache.

L'eau va inverser les phases du chocolat. La dispersion du cacao sec et du sucre dans le beurre de cacao va se transformer à l'ajout de l'eau en une dispersion de la matière grasse, du cacao et du sucre dans l'eau. Dans cette phase de transition, la ganache va chercher à se séparer et faire une masse non homogène. Le cacao sec a capté une partie de l'eau, alors que le sucre s'est dissous dans la partie restante tandis que la matière grasse va chercher à se disperser dans l'eau qui est disponible.

La séparation est le résultat d'un manque d'eau. L'augmentation de la quantité d'eau permet une meilleure dispersion de la matière sèche et permet à plus de sucre de se dissoudre libérant davantage l'eau de l'emprise du cacao sec.

Pour obtenir une ganache bien équilibrée et savoureuse, il faut que la matière grasse et le cacao sec soient bien dispersés dans l'eau et cela exige que les forces de cisaillement soient importantes.

L'introduction de l'eau dans le chocolat fait en sorte que la conservation s'en trouve modifié car elle permet au micro-organisme de proliférer.

L'eau entraîne la dilution des saveurs du chocolat et en modifie la perception. Le chocolat d'origine et la ganache ne sont plus les mêmes produits.

Le rôle du sucre

Le sucre va favoriser l'émulsion, car il permet au cacao sec d'adsorber moins d'eau. Plus l'eau est libérée du cacao, plus il est facile à la matière grasse de s'y disperser. Cependant lorsque l'eau est ajoutée au chocolat le sucre se dissout de façon partielle, car il est enrobé de la matière grasse et il est en concurrence avec le cacao sec. Le fait que le sucre ne se dissout pas entièrement explique la raison de la séparation de la ganache lorsqu'il n'y a pas assez d'eau puisque l'eau est séquestrée par le cacao sec. Cette dissolution incomplète du saccharose a un effet négatif sur la conservation.

Ainsi si le sucre est mis sous forme de sirop la ganache ne se sépare jamais. En même temps, le sirop de sucre favorise une parfaite stabilité de la structure d'où l'idée de travailler avec un chocolat non sucré d'autant plus que le saccharose présent dissout dans l'eau de la ganache peut se recristalliser et modifier à la hausse l'aW.

Le sirop de sucre

Hormis son apport structurel, le sirop de sucre favorise la formation d'une émulsion dont la structure se conserve après refroidissement de la ganache. C'est d'ailleurs plus vrai lorsque le chocolat n'est pas sucré. Le sirop de sucre permet de subdiviser la matière grasse en plus petites particules.

Le sirop tel que nous l'avons imaginé ne comporte aucun polyol et aucun additif excepté le lactate de calcium et l'acide citrique qui sont considérés comme les acides les plus surs.

L'avantage de l'utilisation d'un sirop est la conservation du bonbon de chocolat. Il permet de fixer une aW de référence, dans le cas de notre sirop 0.85. Ainsi l'ajout du chocolat entraînera automatiquement une descente de l'aW pour avoir un aW compris entre 0,82 - 0,75. Ainsi dans les conditions de 16 °C à 24 °C et une humidité relative de 50 % à 65 % le bonbon de chocolat pourra se conserver 1 mois et demi.

De nouvelles avenues s'ouvrent au chocolatier. Cependant, il reste à mieux comprendre les échanges entre l'humidité du bonbon de chocolat et l'humidité ambiante, savoir à quelle moment le bonbon atteint son équilibre et les impacts sur la structure et la texture du produit.

Structure, texture et saveur

Le cacao sec

Le microscope nous a permis d'observer les protéines et les polysaccharides (principalement de la cellulose) du cacao sec. Tout laisse à penser que chacun joue un rôle particulier du fait que la répartition des protéines et des polysaccharides n'est pas toujours en adéquation. Dans certains cas, ils forment même des agrégats bien distincts les uns des autres. On présume que chacun d'eux a des rôles particuliers à jouer sur la structure, la texture et la perception des saveurs.

La sédimentation du cacao sec est à l'origine d'une sensation moins agréable. Il est donc nécessaire que le mélange ait une certaine viscosité pour que les particules de cacao sec soient en suspension. L'homogénéisation du mélange avec des instruments ayant un haut taux de cisaillement favoriserait de plus petites particules et améliorerait la finesse de la préparation.

Le cacao sec joue un rôle dans la fermeté des produits, car il adsorbe l'eau. Ce phénomène se produit particulièrement dans des préparations où la quantité d'eau est plus importante. C'est ce qui permet à une mousse au chocolat d'être ferme et de ne pas nécessiter de gélatine.

Le beurre de cacao

Le beurre de cacao, s'il contribue à la saveur, il agit surtout comme durcisseur dans les ganaches chocolatier. Plus il y a d'eau, plus le beurre de cacao n'influence plus le durcissement de la ganache. Ainsi lorsque la quantité dépasse 2,5 fois le poids de cacao sec du chocolat le beurre de cacao ne joue presque plus son rôle de durcisseur, c'est le cacao sec qui prend la relève.

La crème

La crème apporte de la tendreté à la ganache du chocolatier du fait de l'effet eutectique c'est-à-dire que la matière grasse laitière permet d'abaisser le point de fusion du beurre de cacao. Cependant dans le cas des mousses, la matière grasse butyrique contribuerait davantage au durcissement du produit lorsque sa quantité dépasse les 10 %.

D'autre part, les produits laitiers atténuent le goût du chocolat et donne un effet de rondeur voire d'une sensation grasse. Cette sensation de gras est ce qui semble plaire au dégustateur. C'est la raison pour laquelle la ganache au sirop peut déstabiliser le goûteur du fait de la saveur plus prononcée du chocolat. Cependant, il est à se demander si l'apport en protéines, car l'ajout de plus de beurre de cacao ne change pas la perception des dégustations, ne permettrait pas de compenser l'absence de matière grasse butyrique sachant que dans les produits tels que les glaces, il est nécessaire d'avoir un minimum de protéines laitières pour apporter une certaine cohérence à la préparation, et une certaine rondeur.

Pour conclure

Le travail que nous avons effectué sur la ganache n'est qu'une première étape. Bien des questions nécessitent d'être approfondies dont on espère répondre dans un prochain ouvrage.

Comme vous avez pu le constater tout au long de votre lecture de cet ouvrage de nouveaux champs s'ouvrent à nous, à vous de les explorer.

Les recettes

Tarte chocolat framboise

Pâte sablée au chocolat

500 g	Farine
260 g	Beurre 82%
200 g	Sucre semoule (fin)
120 g	jaune
40 g	Beurre 82%
40 g	sucre semoule (fin)
40 g	d'eau
50 g	Cacao en poudre
50 g	pâte de cacao

Mélanger au RobotCook à 50 °C pendant 10 minutes les 40 g de beurre, de sucre et d'eau avec le cacao en poudre et la pâte de cacao. Réserver.

Fouetter les jaunes d'œufs avec le sucre semoule pour que le mélange blanchisse. Réserver.

Sabler la farine et le beurre bien froid. Ajouter la préparation de chocolat refroidi et la préparation des jaunes.

Biscuit moelleux au chocolat

315 g	pâte d'amande 65%
120 g	sucre
170 g	jaunes d'oeufs
105 g	oeufs entiers
300 g	blancs d'oeufs
100 g	Cacao en poudre
100 g	Farine
60 g	Eau

Détendre la pâte d'amande avec les jaunes d'œufs et les œufs entiers.

Monter les blancs d'œufs avec la moitié du sucre (60 g)

Préparer le cacao en le mélangeant avec le reste du sucre (60 g) et l'eau et mixer au RobotCook à 50 °C 10 minutes.

Ajouter les blancs d'œufs à la préparation de pâte d'amandes et d'œufs. Ajouter la préparation du chocolat.

Cuire sur plaque à 175 °C

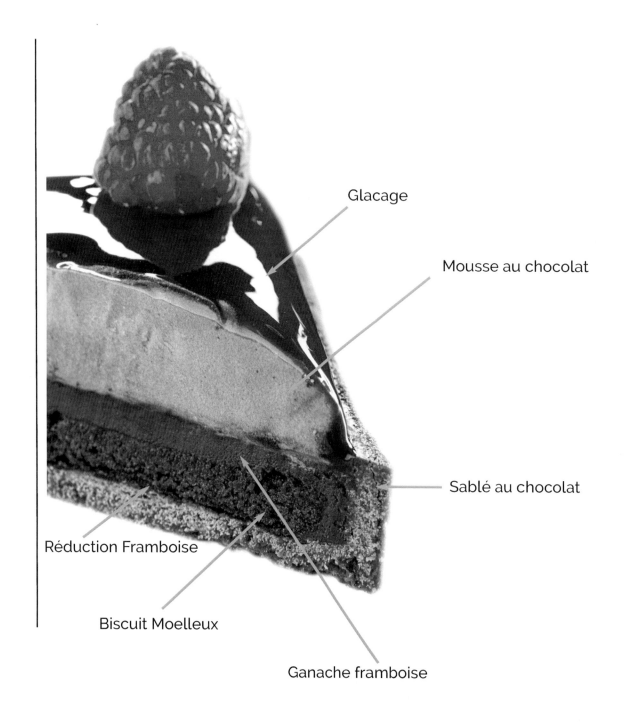

Glacage

Mousse au chocolat

Sablé au chocolat

Réduction Framboise

Biscuit Moelleux

Ganache framboise

Tarte chocolat framboise

Ganache chocoalat framboise

220 g   Purée de Framboise Boiron
72 g   Crème
300 g   Chocolat Excellene   55%
65 g   pâte de cacao

Faire fondre le chocolat et la pâte de cacao à 50 °C
Porter à 85 °C la crème et la purée de framboise. Refroidir à 50 °C
Verser le chocolat à 50 °C sur la préparation de framboise et crème.
Couler aussitôt.

Mousse au chocolat Saint Domingue

117 g   NeoCacao à 30%
279 g   Lait entier 3.6%
334 g   Crème 33% liquide
110 g   sucre semoule
40 g   glucose
60 g   jaunes d'oeufs

Réaliser une crème anglaise avec les sucres, le lait et les jaunes d'œufs et chinoiser sur NeoCacao, passer au bras mélanger, refroidir pour atteindre 40 °C.
Ajouter la crème liquide au bras mélangeur.
Vérifier la température pour qu'elle soit à 32 °C avant d'ajouter 1 % de beurre de cacao tempéré (EzTemper/MagicTemper)
Mélanger à nouveau au bras mélangeur et réserver au froid jusqu'au lendemain.
Le lendemain, monter la crème en mousse.

Réduction de framboise

150 g   purée de framboise
25 g   Framboises en bille
25 g   Liqueur de Framboise

Réduire la purée de framboise et les billes de framboises pour atteindre 40 Brix.
Ajouter la liqueur de framboise.

Kit Tarte Ring Oblong 146x34 mm Product Code: 25.287.87.0065

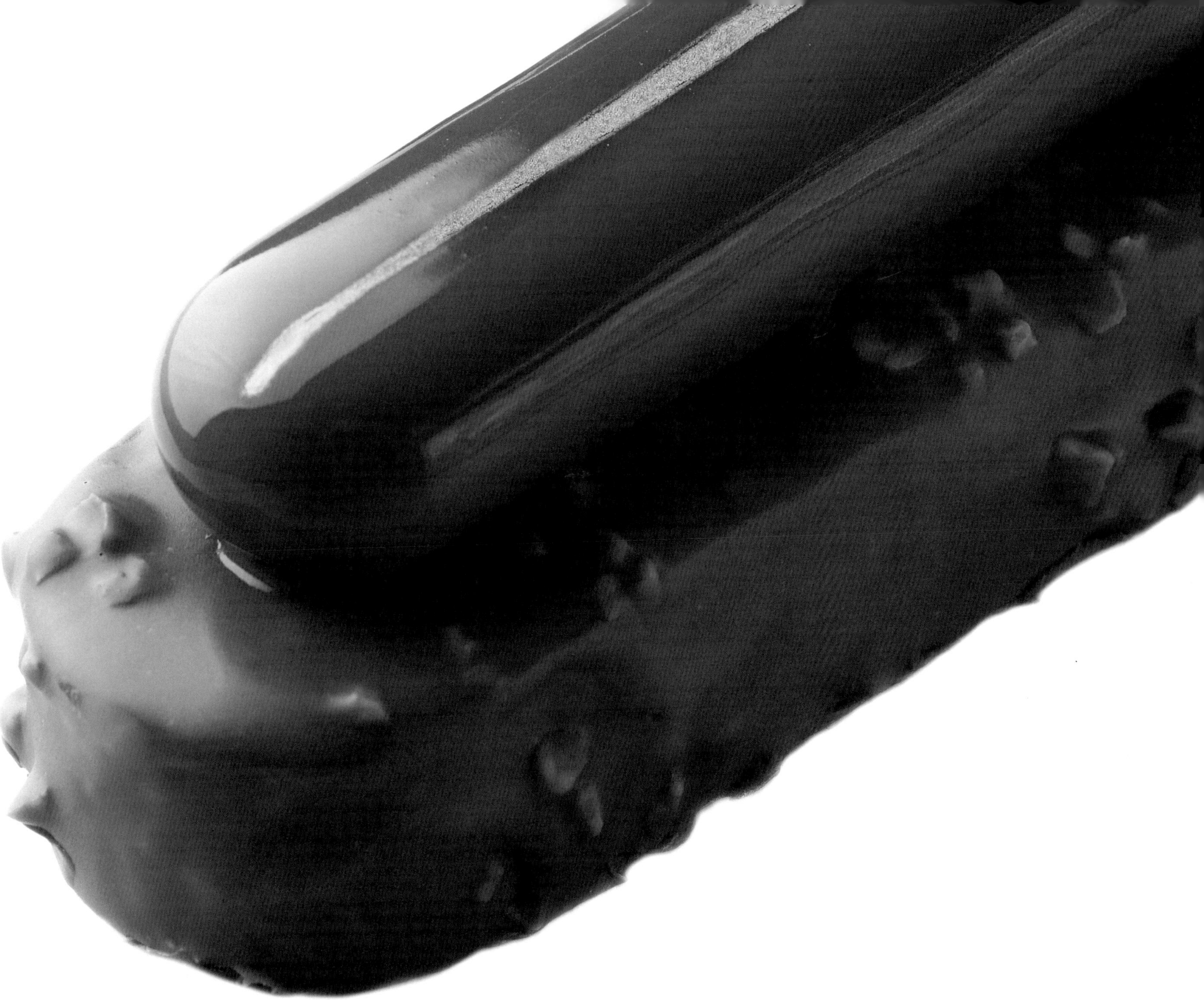

Barre au caramel

Cake au chocolat

12 g poudre de cacao

7 g beurre

18 g sucre

18 g eau

50 g farine

50 g oeufs

40 g sucre

36 g beurre

1 .5 g poudre à lever

Préparation au chocolat. Mélanger au RobotCook à 50 °C pendant 10 minutes la poudre de cacao, la pâte de cacao, le beurre, le sucre et l'eau.

Crémer les 36 g de beurre (26 °C) et le sucre. Monter l'ensemble jusqu'à ce qu'il blanchisse.

Ajoutez-y les œufs un à un en mélangeant bien la préparation à chaque incorporation.

Ajouter la préparation au chocolat. Et enfin la farine mélangée à la poudre à lever.

Le mélange doit être fait au fouet. Ne pas prolonger le mélange au-delà de 5 minutes.

Cuisson : 175 °C

Caramel mou

37 g beurre noisette

2 g sel de guérande

175 g crème liquide 35%

40 g d'eau

133 g sucre

112 g glucose

Mettre l'eau, le glucose, et le sucre dans une casserole. Faire cuire jusqu'à la caramélisation.

Déglacer avec la crème chauffée au préalable.

Ajouter le sel et en fin de préparation et hors du feu, le beurre

Sablé aux amandes

125 g poudre d'amandes

125 g cassonade

125 g beurre

1 g sel de guérande

42 g farine

82 g farine sarrasin

Crème le beurre avec le sel, la cassonade et les amandes

Mélanger les farines.

Étaler sur une plaque entre deux feuilles à guitare.

Surgeler

Détailler.

Cuisson en cercle à 165 °C pendant 25 minutes

Bavaroise au caramel

Caramel mou

Cake au chocolat

Sablé aux amandes

Barre au caramel

Bavaroise Caramel

90 g	d'eau
3 g	gelatine en poudre
18 g	d'eau
150 g	chocolat zephyr caramel
15 g	NeoCacao 30/70
180 g	crème liquide 35%

Hydrater la gélatine dans 18 g d'eau.

Porter à 80 °C les 90 g d'eau et la gélatine hydratée.

Refroidir à 50 °C et mélanger aux chocolats à 50 °C

À 32 °C, incorporer la crème fouettée.

Glaçage au caramel

150 g	saccharose
150 g	glucose
75 g	d'eau
150 g	chocolat blanc
100 g	lait concentré non sucré
12 g	gelatin
72 g	d'eau

Faire un caramel à sec avec le saccharose

Déglace avec la préparation d'eau et de glucose bouillante

Compenser le caramel avec de l'eau pour avoir un mélange de 375 g.

Incorporer la gélatine hydratée, le lait condensé et le chocolat blanc.

Laisser refroidir.

Glaçage aux noisettes

800 g	chocolat au lait
200 g	pate glacée lactée
300 g	huile d'arachide
400 g	noisettes concassées caramélisées

Fondre l'ensemble des ingrédients à 40 °C

Ret H 5 Rettangolo 600x400 H 50 mm Product Code: 43.446.99.0000

Élégance

Biscuit Vapeur Framboise

135 g jaunes d'oeufs
167 g sucre
281 g purée de framboise
143 g farine
150 g blancs d'oeufs
 57 g blancs d'oeufs

Monter les jaunes d'œufs et le sucre jusqu'à ce que le mélange blanchisse.
Ajouter la purée de framboise.
Monter les blancs en neige avec le sucre.
Incorporer aux blancs d'œufs le mélange de jaunes et de framboise.
Incorporer la farine.
Cuire à la vapeur 100 °C 90 % d'humidité

Sablé Lintzer poivre rose

125 g beurre
100 g sucre
 25 g poudre d'amandes
 10 g jaunes d'oeufs
  5 g cacao en poudre
 25 g chocolat noir 70%
155 g farine
 10 g poivre rose

Mélanger tous les ingrédients.
Mettre au froid jusqu'au lendemain.
Cuire à 165 °C
Glacé au chocolat

Gelée de Cacao

600 g d'eau
 30 g poudre de cacao extra brut
210 g saccharose
 21 g pectine NH
 30 g gélatine

Mettre les 21 g de pecten et l'eau dans un bol à mélanger filmé aux micro-ondes pendant 2 minutes.
Ajouter le sucre et le cacao et porter à ébullition
Chinoiser et ajouter la gélatine hydratée.

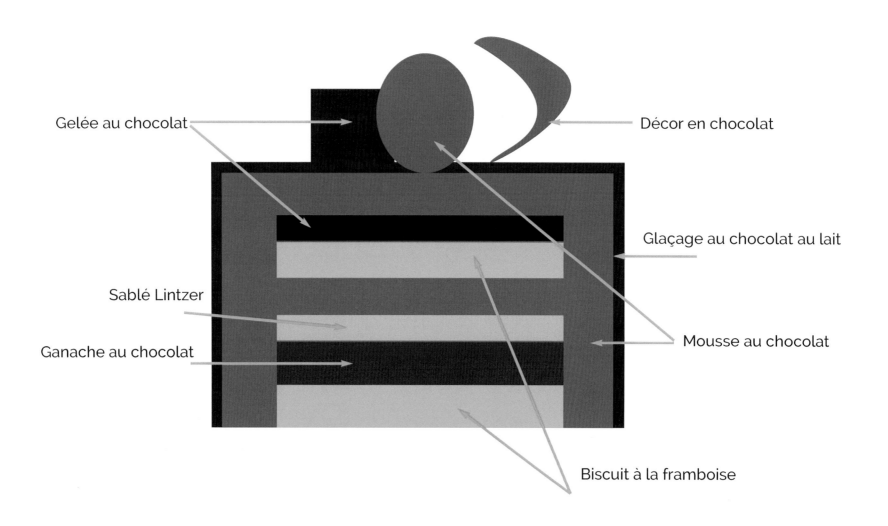

Gelée au chocolat

Décor en chocolat

Glaçage au chocolat au lait

Sablé Lintzer

Mousse au chocolat

Ganache au chocolat

Biscuit à la framboise

Élégance

Ganache à la framboise

110 g purée de framboise
36 g crème
183 g chocolat venezuela 72%
10 g glucose
15s g beurre de cacao

Faire fondre le chocolat à 50 °C
Porter à 85 °C la crème et la purée de framboise.
Refroidir à 50 °C
Verser le chocolat à 50 °C sur la préparation de framboise et crème.

Mousse Venezuela 72%

220 g Lait entier 3.6%
15 g glucose
120 g jaunes
305 g chocolat Venezuela 72%
325 g crème liquide 35%

Préparer une crème anglaise avec le lait, les jaunes et le glucose.
Verser le chocolat à 50 °C sur la crème anglaise à 40 °C.
Fouetter la crème et l'incorporer dans la ganache à la crème anglaise

Glaçage au chocolat

150 g d'eau
300 g saccharose
200 g sirop de glucose
300 g lait condensé
300 g Chocolat Alunga
25 g gélatine

Chauffer l'eau, le glucose et le saccharose à 101 °C
Ajouter le lait condensé
Mélanger la préparation avec le chocolat
Ajouter la gélatine, préalablement trempée et essorée

Millefeuille Chocolaté

Cake au Chocolat

180 g	jaunes d'oeufs
270 g	sucre
150 g	crème
45 g	cacao
180 g	farine
5 g	poudre à lever
70 g	beurre

Monter les jaunes avec le sucre au fouet

Ajouter la crème.

Ajouter le cacao.

Incorporer la farine et la poudre à lever

Ajouter le beurre fondu

Cuire à 160 °C 23 minutes

Biscuit Crumble Chocolat

20 g	beurre
20 g	aucre cassonade
20 g	poudre d'amandes
16 g	farine
4 g	cacao en poudre

Mélanger tous les ingrédients à froid.

Mettre au froid jusqu'au lendemain.

Cuire à 165 °C

Briser en petits morceaux et l'ajouter au glaçage au chocolat (voir page).

Remplacer le chocolat au lait par le chocolat noir.

Plaque au chocolat

255 g	NeoCacao à 55%
275 g	Saccharose
QS	Pailleté feuilletine
	Biscuit Crumble

Fondre le chocolat et mélanger les autres ingrédients

Étaler sur une feuille et détaillé à la forme voulue.

Chemiser un moule, beurre et farine. Intercaler 3 plaques de chocolat entre l'appareil à cake et cuire l'ensemble puis glacer avec le glaçage noir au crumble.

Eternity

Biscuit Brownie

400 g	oeufs entiers
360 g	sucre semoule
4 g	sel
120 g	pâte de cacao
60 g	chocolat à 53%
170 g	farine
70 g	noix de pecan hachée
240 g	beurre

Monter les jaunes d'œufs, le sucre et le sel jusqu'à ce que le mélange blanchisse.

Ajouter la pâte de cacao et le chocolat fondu

Incorporer la farine, les noix et le beurre fondu

Caramel Mousse

37 g	beurre de noisette
2 g	sel de guerande
175 g	crème liquide 35%
40 g	d'eau
133 g	sucre
112 g	glucose

Réaliser un caramel avec le sucre, le glucose et l'eau

Décuire le caramel avec la crème liquide.

Ajouter le beurre noisette et le sel de Guérande

Mousse de Marron

40 g	rhum 7 ans d'âge
72 g	pâte de marron
72 g	crème de marron
3 g	gélatine en feuille
20 g	crème
152 g	crème liquide

Détendre la pâte et la crème de marrons avec le rhum.

Fondre la gélatine dans les 20 g de crème.

Ajouter cette préparation à celle des marrons.

Ajouter la crème fouettée

silikomart®

professional

MADE IN ITALY

Eternity

Crémeux chocolat lait

60 g crème liquide
60 g lait
30 g jaunes
12 g trimoline
250 g chocolat alunga
200 g crème liquide

Préparer une crème anglaise avec le lait, les jaunes et le glucose.

Verser le chocolat à 50 °C sur la crème anglaise à 40 °C.

Fouetter la crème et l'incorporer dans la ganache à la crème anglaise

Glaçage Noir

432 g sucre semoule
18 g d'eau
320 g crème liquide
160 g glucose
48 g trimoline
120 g cacao en poudre
17 g gélatine en poudre
100 g eau

Porter à ébullition le sucre et l'eau

Ajouter la crème liquide, le glucose, la trimoline et le cacao en poudre

Réduire à 73° brix

Ajouter la gélatine préalablement hydratée.

Montage

Fond de biscuit brownie avec caramel mousse, insert biscuit brownie, et crémeux marron, remplir avec crémeux au chocolat lait, le tout glacé avec le glaçage noir.

Cupcake William

Biscuit Chocolat

180 g	Beurre Fin
184 g	Chocolat noir 53%
150 g	oeufs entiers
280 g	Vergeoise
100 g	farine
40 g	cacao extrat brut
100 g	drops de chocolat

Faire fondre le beurre, le chocolat et le cacao.

Ajouter les œufs et la vergeoise et bien mélanger

Incorporer la farine et les drops de chocolat.

Cuisson 180 °C, 20 minutes

Coeur à la poire

112 g	crème liquide
85 g	purée de poidre
1/2	gousse de vanille
50 g	jaunes d'oeus
22 g	sucre semoule
1.5 g	pectnie NH

Mettre la crème et la pectine dans un bol à mélanger filmé aux micro-ondes.

Ajouter tous les ingrédients et pasteuriser la préparation.

Mousse à la poire

275 g	crème liquide
150 g	purée de poidre
250 g	chocolat lait Alunga
10 g	gélatine en feuille

Mélanger la crème et la purée de poire

Ajouter la gélatine trempée et essorée

Ajouter le chocolat fondu

Entreposer la préparation à 4 °C une nuit

Le lendemain, monter et mouler la préparation dans un moule en silicone

Biscuit Speculos aux myrtilles

Biscuit Speculos

250 g cassonade
100 g oeuf eniter
300 g beurre
5 g cannelle
4 g muscade
5 g clou de girofle
5g gingembre
2 g chicorée
18 g eau bouillante
300 g farine
4 g poudre à lever

Crémer le beurre et la cassonade.
Ajouter les œufs et les épices
Dissoudre la chicorée dans l'eau bouillante puis la rajouter au mélange
Incorporer la farine et la poudre à lever

Étaler entre deux feuilles à guitare puis surgeler la préparation.
Détailler la pâte au besoin
Cuisson à 165 °C, 10-12 minutes

Gelée aux myrtilles

300 g purée de myrtille
80 g sucre
8 g pectine

Mélanger la purée de myrtille et la pectine dans un bol à mélanger, filmer
et mettre aux micro-ondes.
Ajouter le sucre et cuire une minute

Ganache à la myrtille

120 g purée de myrtille
36 g crème liquide 35%
15 g NeoCacao 30/70
230 g lactée supérieure

Mélanger la purée de myrtille et la crème liquide et pasteuriser 85 °C
Refroidir à 50 °C
Ajouter les chocolats fondus à 50 °C

Montage

Assembler les biscuits avec la gelée de myrtilles et glacer avec la ganache

220

Délice au praliné

Sablé à la pâte de noisette

250 g	farine
100 g	beurre
52 g	pâte de noisette 100%
125 g	sucre glace
50 g	d'oeufs
1 g	poudre à lever

Sabler la farine et le beurre.

Ajouter le sucre et la poudre à lever.

Mélanger.

Ajouter la pâte de noisette et les œufs.

Mélanger

Cuisson à 165 °C — 15 minutes

Crémeux noisette au caramel

30 g	glucose
155 g	sucre
180 g	lait
180 g	crème
2 g	sel
110 g	jaunes d'oeufs
30 g	pâte de noisette à 100%
7 g	gélatine en poudre
42 g	d'eau
155 g	crème

Mélanger la gélatine avec l'eau

Porter à ébullition le lait, la crème et la pâte de noisette

Préparer un caramel avec le sucre et le glucose

Déglacer avec la préparation au lait et préparer une crème anglaise avec les jaunes d'œufs

Ajouter la masse de gélatine

Refroidir à 25 °C et ajouter la crème fouettée.

Ganache Alto del sol

290 g	crème 35%
20 g	NeoCacao
270 g	chocolat Alto del sol
90 g	beurre

Bouillir la crème, la refroidir à 50 °C

Ajouter le chocolat fondu à 50 °C sur la crème.

Refroidir à 32 °C

Ajouter le beurre en pommade.

Noisettes au praliné caramélisées

Crème pâtissière au praliné

pâte sablée aux noisettes

Glacage aux noisettes

Crémeux aux
noisettes caramel

Ganache Alto del Sol

Noisettes au praliné
caramélisées

Délice au praliné

Noisettes au praliné caramélisées

540 g praliné noisette 75%

150 g praliné en grain caramélisé

140 g beurre de cacao

Fondre le beurre de cacao à 55 °C.

Ajouter le praliné et le praliné en grain.

Tempérer.

Étaler entre deux feuilles à guitare et détailler

Glaçage aux noisettes

400 g chocolat au lait

400 g chocolat blanc

2000 g glaçage ivoire

300 g d'huile végétale

400 g praliné en grain caramélisé

Fondre le chocolat et le glaçage ivoire à 40 °C

Ajouter l'huile végétale et les noisettes en grain

Crème pâtissière

1000 g lait

160 g jaune d'oeufs

250 g sucre

35 g fécule de maïs

40 g farine

1/2 gousse de vanille

100 g beurre

Porter le lait à ébullition avec la vanille.

Fouetter les jaunes et le sucre.

Ajouter la farine et la fécule

Verser le lait bouillant dessus

Porter le tout à ébullition.

Refroidir et ajouter le beurre pommade

Crème pâtissière praliné

700 g crème pâtissière

50 g beurre

50 g mascarpone

150 g praliné noisette 50 %

Mélanger tous les ingrédients et fouetter

Barre au chocolat Passy

création Jean-Christophe Jeanson MOF Lenôtre et Wielfried Hauwel Cacao-Barry

Praliné noisette

540 g	praliné noisette Piemont Lenôtre 75%
140 g	beurre de cacao mycryo

Fonder le Mycryo a 50 °C. Incorporer le praliné noisette.

Tempérer le mélange à 26 °C, cadrer et laisser cristalliser 4 heures.

Découper le praliné à la forme souhaitée.

Raisins au Rhum

100 g	raisins de Corinthe
100 g	rhum Bally 7 ans

Tiédir le rhum. Versez-le sur les raisins.

Laisser macérer au minimum 2 heures.

Chinoiser et sécher les raisins 30 minutes dans un four a 90 °C.

Refroidir et placer les raisins noirs de Corinthe sur le praliné.

Ganache rhum Passy

211 g	chocolat Passy Lenôtre
89 g	cacao saint domingue 10/12
178 g	sucre
451 g	crème 35% liquide
25 g	rhum bally 7 ans

Réaliser un sirop avec la crème et le sucre. Refroidir le sirop à 50 °C.

Mélanger la couverture Passy Lenôtre et le cacao origine Saint-Domingue au RobotCook à 50 °C. Incorporer petit à petit le sirop. Émulsionner, puis terminer par le rhum. Refroidir la ganache à 32 °C puis laisser cristalliser la ganache à 15 °C au minimum 4 heures.

Dresser sur le praliné.

Guimauve

170 g	sucre
65 g	eau
135 g	sucre inverti
60 g	gélatine masse

Réaliser un sirop avec le sucre, l'eau est le sucre inverti

Incorporer la gélatine masse dans le sirop chaud puis verser le sirop sur le mélange croustillant.

Mélanger puis presser dans un cadre.

Découper le lendemain.

Croustillant quinoa chocolat

100 g	raisins de corinthe
150 g	quinoa blanc en friture
150 g	quinoa rouge en friture
150 g	riz soufflé caramélisé
100 g	noix de coco rapée à la passion et toerréfiée
90 g	grué de cacao

Boule au chocolat Passy

création Jean-Christophe Jeanson MOF Lenôtre et Wielfried Hauwel Cacao-Barry

Baba

75 g	farine
3 g	levure de boulanger
6 g	sucre semoule
1.5 g	sel
33 g	lait
20 g	beurre
1	oeuf

Tiédir le lait et le mélanger à la levure.

Ajouter tous les autres ingrédients sauf le beurre.

Bien travailler la pâte et incorporer le beurre pommade. Dans des moules, dôme en plastique, allant au four (type fléxipan) de 3 cm de diamètre dresser à la poche des boules de 4/5 gr.

Faire pousser 20 à 30 min à 28°. Faire cuire 10 min à 180°.

Refroidir. Démouler. Garder au sec. Tremper dans le sirop ci-dessous.

Imbibage Rhum

275 g	eau
100 g	sucre
90 g	rhum Bally 7 ans
5 g	gélatine poudre
30 g	eau froide

Réhydrater la gélatine dans l'eau froide. Bloquer puis fondre à 40°.

Verser l'eau dans une casserole puis le sucre par-dessus. Porter 1 min à ébullition. Ajouter la gélatine fondue puis le rhum.

Garder à 50 °C pour tremper les boules de baba.

Mousse au chocolat Passy

300 g	ganache passy
105 g	couverture passy 70%
120 g	lait
490 g	crème liquide 35%

Monter la crème au fouet puis la garder au froid.

Faire frémir le lait puis le redescendre à 60°.

Verser sur les chocolats fondus à 40° et laisser 2mn.

Fouetter pour lisser.

Incorporer la crème en trois fois.

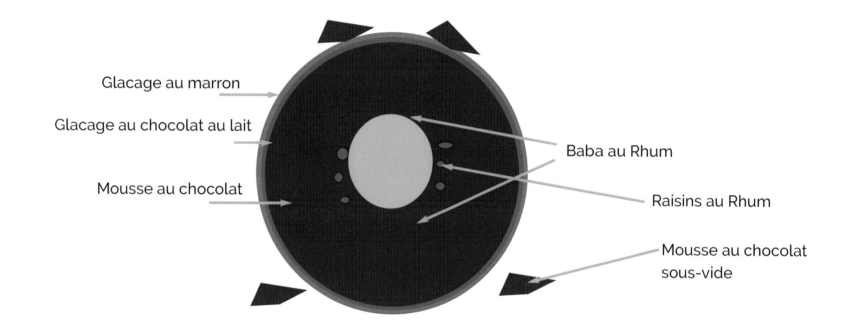

Glacage au marron

Glacage au chocolat au lait

Mousse au chocolat

Baba au Rhum

Raisins au Rhum

Mousse au chocolat
sous-vide

Montage et Finition

Garnir à moitié de mousse chocolat 20 boules fléxipan de 6 cm Ø. Enfoncer 1 boule de baba imbibé dans chaque demi-sphère ainsi que quelques raisins au rhum. Lisser à ras. Congeler, démouler puis assembler par 2. Lisser la jointure. Piquer et plonger dans le glaçage lait puis dans le glaçage marron. Enlever le pic rapidement. Décorer de feuille en chocolat et de mousse congelée.

Boule au chocolat Passy

création Jean-Christophe Jeanson MOF Lenôtre et Wielfried Hauwel Cacao-Barry

Mousse au chocolat sous vide

125 g	chocolat Passy 70%
30 g	cacao en poudre Saint Domingue 10/12
75 g	beurre de doux
60 g	blancs d'oeufs
25 g	sucre semoule

Monter les blancs tempérés avec le sucre pendant 10 min.

Fondre la couverture à 50° puis mélanger avec le cacao poudre et le beurre.

Incorporer les blancs dans le mélange précède. Le verser dans un siphon. Vider ce mélange dans une boîte sous vide puis faire le vide.

Congeler la mousse sous vide à -20°.

Au moment du service, cassez des morceaux de mousse congelée.

Raisin au Rhum

50 g	raisins blonds
25 g	rhum brun

À préparer la veille.

Faire frémir le rhum puis le verser sur les raisins.

Recouvrir d'un film et laisser macérer jusqu'au lendemain.

Égoutter et sécher légèrement.

Mélanger 40 g à la mousse chocolat.

Le reste, conservez-le pour le décor.

Glaçage lait

90 g	couverture Élysée
60 g	beurre de cacao

Faire fondre le beurre de cacao puis ajouter la couverture Élysée.

Conserver à 45°.

Glacage au marron

170 g	d'eau
55 g	sucre
0.3 g	acide citrique
4.5 g	pectine NH
125 g	sucre cristalisé
85 g	pâte de marron

Mélanger le 1er sucre avec l'acide citrique et la pectine.

Porter à ébullition l'eau et le 2e sucre.

Ajouter le mélange de sucre puis la pâte de marron.

Cuire à 72° Brix.

Refroidir.

Truffes à la Cacaouhète

330 g crème liquide 35 %

90 g glucosés

18 g dextrose

300 g Zéphyr caramel

138 g beurre de cacao MyCryo

330 g beurre de cacahouète salée 100 %

3 gousses de vanille

180 g cacahouètes salées

Préparer un sirop avec la crème, le glucose, le dextrose et la vanille.

Émulsionner à 40 °C le sirop et le chocolat et le beurre de cacao.

Incorporer la pâte de cacahouète.

Refroidir a 29 °C.

Incoroporer la préparation dans des capsules de chocolat à mi-hauteur.

Ajouter une cacahouète salée.

Compléter avec la ganache.

Carré au chocolat

NeoCacao 55/45

Préparation du sirop

200g d'eau

204g de sucre

51g de glucose atomise 35DE

30,6g de dextrose monohydrate

7,28g lactate de calcium

0,2g acide citrique

1,8g sel fin

Mélanger tous les ingrédients et réaliser un sirop. Compenser l'eau en cas de perte. Refroidir a 50° C

Réalisation de la ganache

300 g de NeoCacao 45 /55 à 50°C

450g de sirop a 50°C

Homogénéiser à haute vitesse durant deux minutes à 50°C. Refroidir à 32°C et couler.

Conservation 45 jours

Dôme au chocolat

NeoCacao 55 /45

5 g de canelle en poudre

Préparation du sirop

80g puree de banane a 23 brix

52g d'eau

108g de sucre

30g de glucose atomise 35DE

18g de dextrose monohydrate

4,36g lactate de calcium

0,12g acide citrique

1,08g sel fin

Mélanger tous les ingrédients et réaliser un sirop. Compenser l'eau en cas de perte. Refroidir à 50°C

Réalisation de la ganache

200 g de NeoCacao 45/55 a 50 °C

300 g de sirop a 50 °C

Homogénéiser à haute vitesse durant deux minutes à 50 °C. Refroidir à 32 °C.

Conservation 45 jours

Saint Domingue

Gelée à la framboise

112g puree framboise 40brix

60g de sucre

14g de glucose atomise 35DE

3g de pectine NH

La purée de framboise avec le stabilisateur mixer à froid, puis emballer sous film plastique.

Chauffer le mélange aux micro-ondes deux minutes. Puis mettre le reste des éléments dans une casserole. Mixer au bras mélangeur.

Porter à ébullition 1 minute, puis refroidir à 30 °C, dresser aussitôt.

200 g de NeoCacao 55 /45

Préparation du sirop

161g de creme

102g de sucre

25,5g de glucose atomise 35DE

15,3g de dextrose monohydrate

3,6g lactate de calcium

0,1g acide citrique

0,9 g sel fin

Mélanger tous les ingrédients et réaliser un sirop. Compenser l'eau en cas de perte. Refroidir à 50 °C

Réalisation de la ganache

200 g de NeoCacao à 50 °C

300g de sirop à 50 °C.

Homogénéiser à haute vitesse durant deux minutes à 50 °C. Refroidir à 32 °C et ajouter 1 % de beurre de cacao précristallisé.

Conservation 45 jours

Gel01 Classic – 2 pcs Product Code: 25.311.87.0098

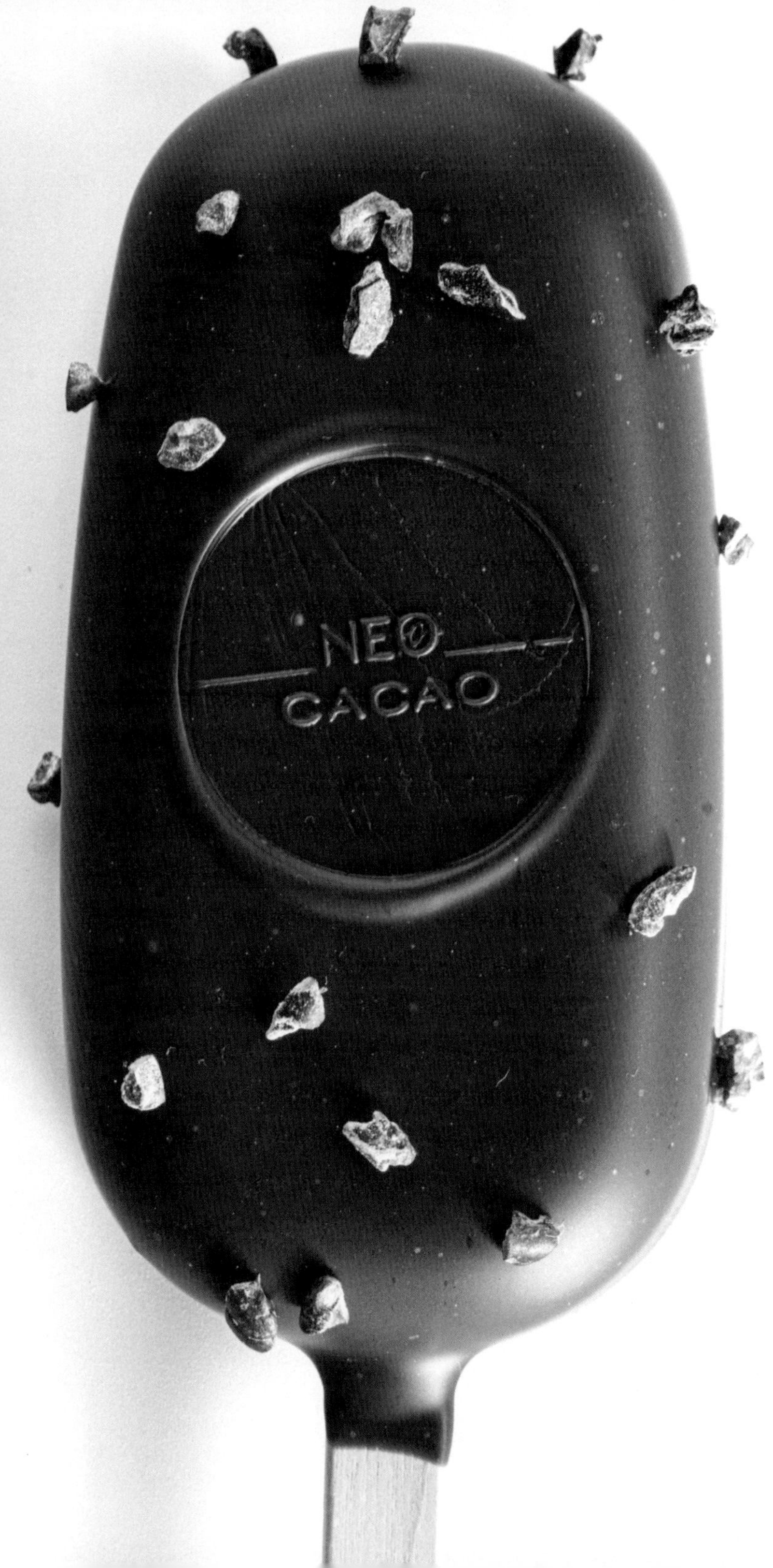

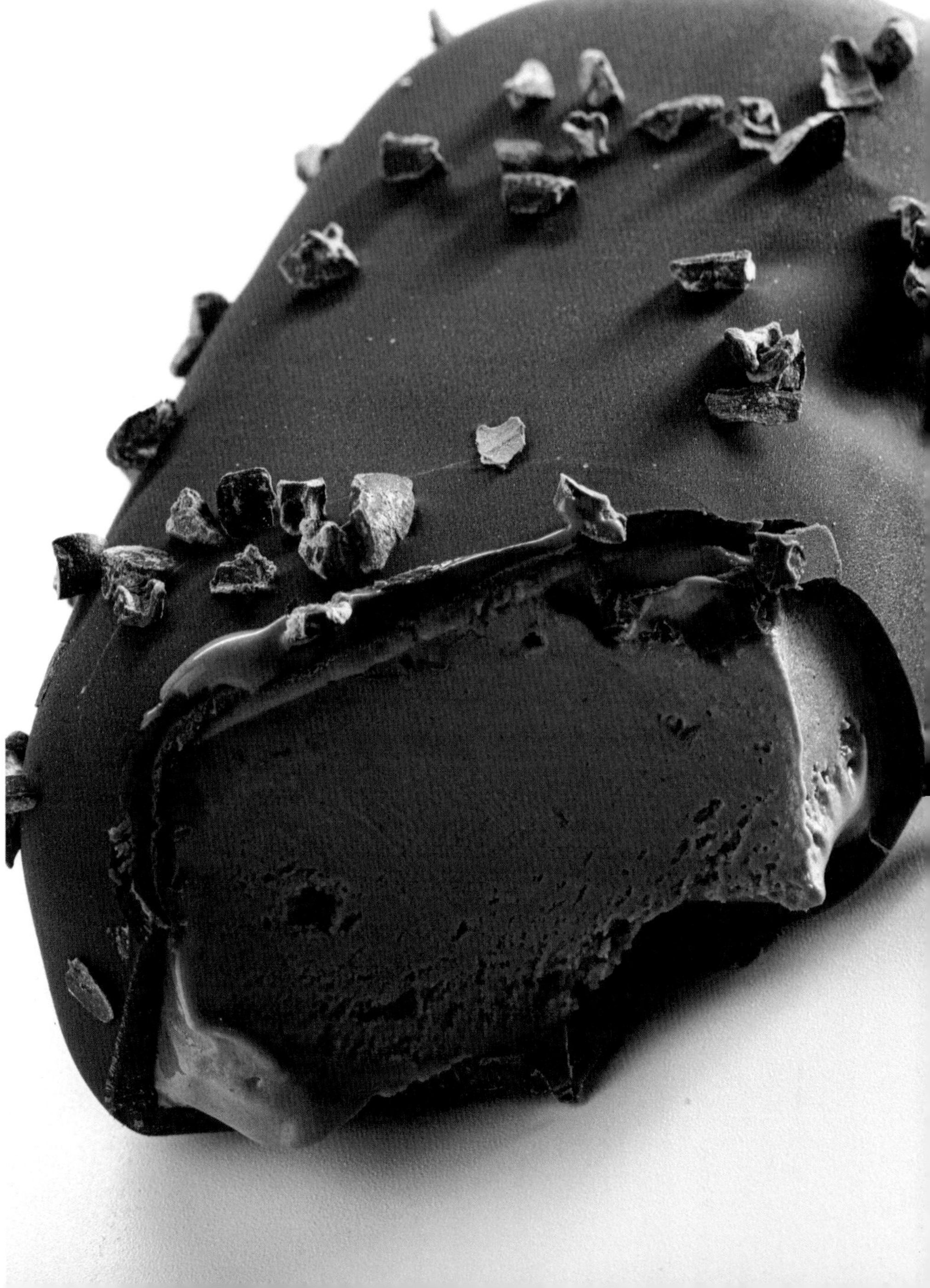

Glace et Sorbet NeoCacao

Glace NeoCacao

552 g de lait

142 g de crème

46 g de poudre de lait

104 g de saccharose

50 g de dextrose

30 g glucose atomisé

4 g de stabilisateur à glace

71 g de chocolat à 30% de beurre de cacao

Sorbet NeoCacao

553 g d'eau

234 g de sucre

30 g de dextrose

40 g de glucose atomisé

143 g de de chocolat à 30% de beurre de cacao

Glace NeoCacao

Mélanger les sucres, la poudre de lait et le stabilisateur.

Verser dessus, le mélange lait et crème et mixer au bras mélangeur.

Mettre à chauffer, jusqu'à ébullition. Ajouter NeoCacao et pasteuriser.

Mixer à nouveau au bras mélangeur.

Refroidir rapidement à 4 °C et laisser maturer au moins

Le lendemain, mixer au bras mélangeur et turbiner.

Sorbet NeoCacao

Mélanger les sucres avec le stabilisateur.

Verser dessus l'eau, mixer et porter à ébullition. Si nécessaire, corriger la perte d'eau.

Ajouter NeoCacao et pasteuriser. Mixer au bras mélangeur

Refroidir rapidement et turbiner.

Lightning Source UK Ltd.
Milton Keynes UK
UKRC012036020620
363465UK00001BC/1